Galileo's Error

[英] 菲利普·高夫 著 傅星源 译

伽利略的错误

**Foundations for
a New Science of Consciousness**

Philip Goff

上海文艺出版社

献给我的父母玛丽和托尼，
是他们赋予我追求真理的决心和热忱

目录

致　谢　/ i

第 1 章　伽利略如何制造了意识问题？　/ 001

第 2 章　机器中有幽灵吗？　/ 020

第 3 章　物理科学能够解释意识吗？　/ 045

第 4 章　如何解决意识问题　/ 097

第 5 章　意识与生命的意义　/ 160

参考文献　/ 193

注　释　/ 202

致　谢

我要感谢爱玛·布洛克（Emma Bullock）精美的插图，她将思想实验变得栩栩如生。

特别感谢大卫·查默斯（David Chalmers）和奈杰尔·沃伯顿（Nigel Warburton）帮助我把想法发展成通俗的形式。我要特别感谢奈杰尔帮我想出书名。在那之后，我要感谢我的经纪人马克斯·布罗克曼（Max Brockman），他帮助我制定了写作大纲并为之锁定了一家出版商，我唯一需要做的就是完成书稿。我的编辑爱德华·卡斯滕迈耶（Edward Kastenmeier）和安德鲁·韦伯（Andrew Weber）非常出色，他们让我注意到了前两稿中晦涩难懂的地方，他们让我认识到，那些你思考了二十年后觉得显而易见的东西，对第一次接触这个话题的人来说可能并不是那么明了。我想感谢那些对部分或全部书稿（或我早前尝试写的普及本上）有过切实帮助的人，他们是卢克·勒洛夫斯（Luke Roelofs）、赫达·哈塞尔·默克（Hedda

Hassel Mørch)、大卫·帕皮诺（David Papineau），大卫·查默斯、巴里·勒韦尔（Barry Loewer）、阿拉斯泰尔·威尔逊（Alastair Wilson）、基思·弗兰克什（Keith Frankish）、盖伦·斯特劳森（Galen Strawson）、西蒙·高夫（Simon Goff，他在最后时刻对一些棘手的措辞问题提供了宝贵的帮助）、约翰·霍顿（John Houghton）、克莱尔·高夫（Clare Goff）、加勒特·明特（Garrett Mindt）、达米扬·阿列克谢夫（Damjan Aleksiev）、玛尔塔·圣图乔（Marta Santuccio）、伊恩·霍布森（Ian Hobson）、托尼·高夫（Tony Goff）、海伦·霍布森（Helen Hobson）、罗布·霍夫曼（Rob Hoveman）以及杰茜·霍金斯（Jessy Hawkins）。

  最重要的是，我想感谢我的妻子爱玛，在写作过程中她给予了我难以置信的支持，对材料无数次的宝贵讨论，并对最终手稿做了一丝不苟的评论。一如既往，没有你，我会茫然失措。

第 1 章

伽利略如何制造了意识问题？

当你阅读本页时，你会有白纸黑字的视觉体验。你可能会听到周遭的声响：车来车往、远处的谈话、计算机嗡鸣的杂音。你可能会感受到强烈的气味或味道：咖啡的香味、咀嚼一片新开的口香糖产生的薄荷味。你也许还有些情绪：兴奋，难过，或者你只是觉得有点累了，有点走神。如果你留心细察，还会发现更多微妙的经验，例如身体接触椅子的感受，膝盖或手臂某处的瘙痒或抽痛。这些都是意识体验（conscious experience）的诸多形式。这些状态是你主观内心生活（subjective inner life）的特点。这些感觉和状态使得你之为你。

意识对于我们人类而言是至关重要的。这么说并非要贬低身体的重要性，我们是躯体生物（embodied creatures），并以身体与他人联系。但意识却界定了个体的身份认同。从根本上说，我们是从感觉、思想乃至性格中的癖好来认识一个人的。可能未来某一天，我们能在行将就木前把心灵上传到计算机中继续存活；即使祖母的躯体已在地下腐烂，你也能通过电子邮件与她交谈。只要意识还在活动，我们感觉这个人就还活着。反之，当意识消失时，例如在悲惨的永久昏迷情况中，即使是活生生的躯体，也只能被看作对曾经存在过的那个人的纪念。

意识也是诸多存在物具有价值的根源。没有意识，宇宙可能同样浩瀚无垠，令人敬畏；但是，如果没有一颗有意识的心灵来欣赏赞叹其壮丽，所有这些事物的存在真的有任何价值吗？令人兴奋的乐事，席卷而来的情绪，微妙的想法……正是我们的种种体验使得生活有其价值。没有了意识，这些都不再可能。

除了作为我们身份认同的基础和价值的根源，意识也是我们唯一确知为实在的东西。我并不能完全确知外部真的有世界存在，也许其实我在《黑客帝国》的"母体"中，赤身裸体，被封闭在充满化学品的大桶里，计算机把我作为能量源，给我提供了一个不存在的虚拟世界的信息。我甚至可能没有身体：也许计算机很久以前就销毁了我的身体，现在我唯一剩下的就是连接到计算机的人脑[*]。或许我本身就是一台人类创造出来的计算机，却认为自己是一个活生生的人。

但有一点我是确信的：我有意识，我存在。如果我在母体中，计算机可能在各个方面欺骗我，但假如我实际上没有意识，它们无法让我认为自己有意识。也许我关于周围空间的视觉体验并不对应任何实在的事物，但无论如何，我知道我有视

---

[*] 我们日常生活中所称的"大脑"（brain）主要包含了大脑（cerebrum）、小脑和脑干三个部分，作者将在后文做出更精细的区分，为配合这种区分，在本书中我们一般将 brain 译作"人脑"，有时也结合上下文译作"脑（袋）"。——编者注（如无特别说明，本书脚注为作者注）

觉体验。我唯一能直接接触的是我自己的体验，我对其他所有事物的了解都基于它，都是间接的。所有关于实在的知识，都经过了意识的中介。

以上是现代哲学之父勒内·笛卡尔的洞见，他把它归结为他著名的那句"Cogito ergo sum"，即"我思故我在"（I think, therefore I am）。这句话很容易让人误解。笛卡尔不是说他存在是因为他思考。（所以这个老笑话不太讲得通：笛卡尔进了一家酒吧，酒保问道：来瓶啤酒？笛卡尔答了句"我想还是别了"[I think not]，然后人消失了。）笛卡尔的要点在于知识：他明确知道的是他在思考——或者广而言之他是有意识的存在——知道了这一点，他就知道他存在。对笛卡尔来说，人作为有意识的存在这一确定的知识，是所有知识的起点。

没有什么比意识更为确定了，但是也没有什么比意识更难被纳入我们对世界的科学描绘中了。我们现在对人脑有了很多了解，其中大部分是在过去八十年里发现的。我们了解神经元——人脑的基本细胞——如何通过其背后的化学反应起作用。我们知道人脑不同区域在处理信息、协调感觉输入与行为输出过程中的功能。但是所有这些都不能揭示出人脑是如何产生意识的。

有些人对这个问题不屑一顾，认为这只是表明人脑的物理科学（即神经科学）*还有很长一段路要走。但如果对意识的解

---

* 物理科学（physical science）一般指的是以非生命世界为研究对象的科学，主要包括天文学、物理学、化学和地球科学，它发端于取代活力论的理性物理主义（见后文）；"人脑的物理科学"这个看似矛盾的提法已经表明如此理解的神经科学有着怎样的视野和雄心，它尝试用物理科学的理论和方法解决人脑相关的难题。——编者注

释是一项正在进展中的工作，人们有理由期待神经科学已经能对意识、对人类经验做出部分解释，留下一些棘手的问题有待解释。而实际情况是，尽管有种种优点，神经科学在解释意识问题上连门槛都还没有碰到。

与科学在解释其他现象上取得的巨大进步相比，事情就显得更加不同寻常了。水或汽油的科学故事解释了这些物质可观测到的特性。例如，对于水为什么会在100℃时沸腾或汽油为什么易燃，我们已经有了满意的解释。对基因的科学理解持续提供着越来越多的洞见，让我们明白特定性状是如何在代际传递的。天体物理学能够解释恒星和行星是如何形成的。所有这些问题都找到了令人满意的解答。然而，我们对人脑电化学过程增进的认识，却不能解释这些过程是如何产生主观内心世界的。

我们最终会知道……

物理科学在解释意识上的成绩令人沮丧，但是在解释几乎所有其他事物上却振奋人心。许多科学家和哲学家认为这足以证明，尽管当前情形不尽如人意，但总有一天神经科学能够破解意识谜题。

神经科学家阿尼尔·塞思（Anil Seth）以生命为类比：[1]过去人们认为生命本质上是一种神秘现象，只能通过假定神秘的、非物质的"活力"（vital force）加以解释。当下很少有人认真对待这种所谓的"活力论"。塞思认为，这并不是因为哲学家解决了"生命问题"。我们从活力论时代走出来,是因为生物化学家不再纠缠于这个神秘事物,而着手从背后的机制解释新陈代谢、内稳态、繁殖等生命系统的特性。最终,这种神秘感消失了。

塞思建议我们用同样的方式对待意识,也就是采用可以称之为"离开扶手椅,走进实验室"的方式。与其一开始就纠结于意识为何存在,我们不如关注他所说的意识的"真正"问题:勾画人脑进程与个体经验之间的关联。塞思预言,如同生命一样,意识的神秘感最终会消散,而未来的科学家会纳闷当今哲学家们的担忧何在。

从科学史上挑选案例的麻烦在于,总是有其他案例能够证明相反的观点。塞思着力于解释当下存在的生命带来的科学挑战,但是我们再来看一下复杂生命历史起源的谜题是如何被解释的。在达尔文之前,复杂的、自我复制的生物从何而来一直是个谜。生活于18—19世纪的哲学家威廉·佩利(William Paley)认为:唯一可信的假设是,它们是由一个有智能的设计师(也就是上帝)创造的。[2] 佩利是用如下类比来论证的:想象一下,你正在海滩上散步,突然发现一块手表,如果你神智正常,你不会将这么复杂的物品当作是偶然、随机产生的,你会很自然地认为有人设计了它。同样,佩利认为,鉴于生物的无比复杂,我们应该假设它们也是被设计出来的,而不是偶然出现的。

一开始你可能觉得这个例子和塞思的很相似。两种情况下,曾被视为是自然世界中神秘的、非物质的干预的产物后来都有了科学解释，但是这里面有重要差别。在塞思看来，解释当下存在生命的问题——这一问题促使19世纪一些人预设非物质的活力——并不是由指向答案的伟大洞见解决的，它只是终于不再被当作一个真正的问题了。但是解释生命历史起源的问题正是通过这样的洞见解决的。达尔文并没有说过"不要浪费时间再去纠结生命从何而来，而应该开始思考更为严肃的科学问题"，相反，他提出自然选择原理来解释复杂生命如何出现。达尔文同意佩利的观点，认为复杂生物的出现不可能是随机的，他没有求诸上帝，而是预设了自然选择的"盲眼钟表匠"来解释——借用理查德·道金斯（Richard Dawkins）令人印象深刻的比喻。[3]

回到意识问题上，可能两种路径都适当。也许塞思是对的，随着我们对人脑的了解越来越多，最终不再纠结于意识从何而来（尽管现在还没有任何迹象表明这种情况会发生）。但同样，"意识界的达尔文"也可能出现并以令人满意的方式解决意识问题。与塞思不同，我会尝试表明，我们不仅有很好的理由来严肃对待意识问题，而且在能够带来进展的理论框架方面，我们有了一些线索。

"离开扶手椅，走进实验室"进路声量最大的拥趸之一是神经哲学家帕特里夏·丘奇兰德（Patricia Churchland）。你可以把她想象成一位可怕的、狂热的传道士，但是其事业不是宗教而是神经科学。帕特里夏·丘奇兰德和她的丈夫保罗在20世纪90年代因捍卫一种被称作"取消式物理主义"（eliminative materialism）的激进立场而在学界声名鹊起。保罗与帕特里夏认为，我们不应该尝试解释心灵而应该拒斥其存在，就像对待仙女与魔法一样，科学已经足以证明心理现象并不存在。[4]

打个比方，我们现在知道的癫痫过去被认为是恶魔附身。但是我们不会说："太好了！我们现在有了对恶魔附身的科学解释。"事实是，科学解释取代了恶魔附身解释，无可置疑证明了恶魔附身是不存在的（或者说至少在标准癫痫病例中它不存在）。同样，丘奇兰德夫妇认为我们用"思想""欲望""期待""爱"等措辞来解释人类行为已经老掉牙了。他们期待某天我们统统丢掉这些陈旧词汇，用真正的原因来谈论人类行为：也就是人脑中的电化学过程。（人们不禁好奇丘奇兰德夫妇早年求爱时是否会用诗歌来表达彼此间的神经元激活强度……）

我非常愿意接受这样的观点，即科学的进步可以表明我们对世界的许多常识思考方式是错误的。现代科学告诉我们，原子中心的原子核与环绕周围的电子中间有很长间距，那么惯常被认为是密实的物体内部实际上大部分是空的。爱因斯坦的相对论表明，我们常识中的绝对时间概念是幻觉。还有下一章将要讨论的量子力学，在很多方面都打破了我们对物质的常识思考方式。然而，科学也有其限度，它永远不能证明意识不存在。

———

设想你在《新科学家》（*New Scientist*）杂志上读到以下故事：

科学家发现意识是幻觉

数百万年来人类都相信自己拥有感觉和经验。令人震惊的是，加州理工学院的神经科学家们发现没有人感觉和经验到任何事物，该项目团队负责人伊夫·柯特勒（Ivor Cutler）博士说：

"我们并不是要质疑人类行为中任何一个众所周知的事实。例如，没有人能否认身体受伤时人会尖叫。但人们普遍认为的身体受伤所伴随的痛感，实际上是一种幻觉。感觉并不比尼斯湖水怪真实多少。"

律师们正在讨论这一发现对人权法规可能产生的影响。

我们永远不会，也永远不应该接受这样的主张。因为我们关于世界的科学知识本身就是经由意识经验为中介的。我们能够进行观测和实验，就是因为我们对周遭世界有意识经验。就此而言，科学知识是立足于意识的实在性上的。科学不能够证明意识不存在，正如天文学不能证明望远镜不存在。

意识的基本实在就是它自身的基准。科学能告诉我们世界上各种稀奇古怪的事情：时间不流动，没有密实的物体，我们并不像我们以为的那样自由。但是科学不能告诉我们，我们感觉不到疼痛或者看不到红色。人的感觉和经验的实在性是即察即知的，以至于人们无法严肃怀疑它们的存在。

那么究竟什么是"科学"

有人担心,"离开扶手椅,走进实验室"的方法会导致对何谓科学形成一个过度简化的观念,就好像科学仅仅是安排实验然后记录数据。实际上,很多至关重要的科学发展还涉及彻底地重新构想自然,设想多种可能性——可能也不排斥坐在舒坦的扶手椅里进行——想前人之未想。

以下只是伟大科学家重新构想自然的最重要的路径中的寥寥数例:

天地合一

广为流传的神话告诉我们,是牛顿第一个认识到苹果总是落向地面。事实当然不是这样。但他是注意到苹果落向地面与月球环绕地球运转背后是同一个原因的第一人。之前从未有人认为单单一种力能造成这两种现象。现在看来再自然不过的事情在当时可是想象力的振奋一跃。

时空合一

在20世纪之前,科学家想当然认为空间和时间是不同的。而时间和空间看起来确实有着截然不同的特征:时间从过去流向未来,而空间则同时共在。当赫尔曼·闵可夫斯基(Hermann Minkowski)在他对爱因斯坦狭义相对论的数学解释中,用单一实体"时空"代替截然有别的时间和空间两种实体时,就是对自然的彻底重新构想。闵可夫斯基大胆说道:"从今往后,单一的空间和时间将注定消失在阴影中,只有二者的某种联合才能维持独立的实在。"[5]

引力惯性合一

在牛顿之前,没有人想过把苹果拉向地面的力与让月球在轨道上运行的力是同一种力,同样,在爱因斯坦之前,没有人想到万有引力(将苹果拉向地面和让月球保持在轨道上的力)与惯性力(汽车加速时将你推回座椅上的力)是同一种力。这还不是全部:在爱因斯坦对自然令人困惑的重新构想中,引力是时空结构弯曲的结果。能构想出这幅世界图景的想象力,真让人叹为观止。

当然,所有这些对自然的新奇的重新构想后来都经过了观测和实验的检验,以便弄清楚我们是否有理由认定它们是对的。尽管如此,非常重要的一点在于科学进步的许多重要时刻涉及构想新的可能性,在想象中开创思考宇宙的新方式。如果我们的科学观念太过强调实验和观测,那这一点就会被忽略。在爱因斯坦发展狭义相对论的那些年里,他并没有忙于做实验,而是常常凝望太空,想要知道如果骑在一束光上会发生什么。

当我们忽视了深入思考在科学中的作用时,我们就失去了很多选项。对意识的科学理解要取得进步,很有可能并不单单通过对人脑的观测——尽管这很重要——而且还得通过彻底重新构想心灵与人脑，构想出迄今为止我们的理论还没有注意到的全新可能性。在本书第四章里，我们会探究其中一种可能性。

塞思和丘奇兰德夫妇的进路还有更深一层的问题。他们不仅假定意识能够被科学地解释，同时还假定能用我们目前设想的科学方法来解释。然而，我们有充分理由认为，解释意识需要革新我们对科学的理解，这种革新正如近代科学革命开始时那样，应当是根本性的、广泛性的。如我们在下一节将要看到的那样，这是因为科学革命本身的前提就是将意识置于科学探究领域之外，如果我们想要解决意识问题，就必须找到把它放回去的方式。

科学的哲学基础

笛卡尔是现代哲学之父，而伽利略·伽利留则被公认为是现代科学之父。他对自然数学定律的表述（牛顿运动定律和万有引力定律的先驱）还有他对哥白尼的地球和行星绕太阳观点的捍卫（为此受到了教会迫害）奠定了科学革命的基础。人们可能较少注意到，伽利略同样是有史以来最伟大的哲学家之一。他对科学革命的贡献至少在两个方面上是哲学意义上，而非科学意义上的。

科学革命标志着对亚里士多德正统的颠覆，也就是对当时广为接受的古希腊哲学家亚里士多德世界观的颠覆。亚里士多德的世界观复杂且包罗万象，但是其中两点是特别被科学革命拒斥的：

- 亚里士多德坚持托勒密式宇宙观，认为地球是宇宙的中心，行星和恒星都绕地球运行。
- 亚里士多德的理论是目的论的：无生命的物体有着内在目的，这解释了它们的运动。例如，物质落向地面是因为它的目的是回到位于宇宙中心的自然归宿（地球），而火上升是因为其自然归宿在天空。

人们普遍认为亚里士多德的观点是被新的实验方法、尤其是借助望远镜对天空的观测证伪的，当然这在很大程度上是正确的。然而，需要注意到，伽利略对亚里士多德物质宇宙理论关键一点的驳斥不是借助观测与实验，而是通过纯粹的哲学论证。亚里士多德认为重的物体比轻的物体落地速度更快，伽利略证明了这个观点在逻辑上并不自洽。我们将在第三章详细讨论伽利略的论证。

此外，伽利略对自然最根本性的重新构想——比他对哥白尼宇宙模型的捍卫更为根本——从来没有被观测和实验证明，从头到脚都是哲学思辨。这一哲学思辨已构成了我们对宇宙的科学描绘的根基，正是它制造了当今的意识问题。我来详加解释。

伽利略对科学革命最重要的贡献是1623年的一个激进宣言，数学应当成为科学的语言：

> 哲学（伽利略指的是自然哲学，也就是我们今天所说的自然科学）写在宇宙这部巨著中，它始终向我们开放，但是人们首先要弄懂写就它的语言和字母，才能读懂这本书。它是由数学语言写就的，它的字符是三角形、圆形和其他几何图形，没有这些，人们连一个字都看不懂；没有这些，人们将徘徊在黑暗迷宫中。[6]

为什么之前的思想家没有用数学语言构建他们的自然理论呢？其问题在于，伽利略之前的哲学家认为世界上充满了像颜色、气味、味道、声音这类他们称作感觉性质（sensory qualities）的东西。很难想象这类感觉性质如何被纯粹定量的数学语言捕获。一个方程何以能解释人们看到红色或是尝到辣椒粉的味道？抽象的数学表达如何能传达花的香甜味？

但如果数学不能捕获物质的感觉性质——番茄的红、辣椒粉的辣味、花的香气——那数学就不能完整地描述自然，因为它丢却了这些感觉性质。这对伽利略"宇宙之书"完全由数学语言写就的热望构成了严峻的挑战。

伽利略通过彻底重新构想物质世界解决了这个问题。物质物体在这幅重新构想的图景中并不具备感觉性质，辣椒粉不是真的辣，花也没有任何气味，物体也没有颜色。物质物体只拥有以下特征：

> 尺寸
> 形状

位置

运动

因此,对伽利略来说,我眼前的柠檬并不是黄色的,没有柠檬香也没有酸味。柠檬实际上只是一种有特定尺寸、形状和位置的东西。当然,柠檬还有其他组成部分,这些部分间的排列配置和相互关系非常复杂。但是伽利略认为所有这些复杂性质都可以用上面提到的几个稀少的性质加以描述:尺寸、形状、位置和运动。

尺寸、形状、位置和运动等性质有什么特别之处呢?要点在于这些性质都能被数学捕获。伽利略不认为柠檬的黄色和酸味能通过数学语言表达,但是其尺寸和形状可以用几何描述来表达,而且在原则上我们可以构建一个数学模型,来描述柠檬原子和它的亚原子部分的运动与彼此间关系。因此,通过抽离掉世界的感觉性质(颜色、气味、味道、声音),只留下尺寸、形状、位置和运动这些最少量的性质,伽利略在历史上第一次创造了能够完全用数学语言描述的物质世界。*

那么感觉性质呢?如果黄色、柠檬香和酸味不在柠檬上,它们在哪里呢?伽利略同样给出了答案:在灵魂那里。† 对伽利略来说,柠檬本身并不是真的黄,毋宁说黄存在于感知柠檬的人的灵魂当中;同样地,无论是柠檬香还是酸味也并非真实地

---

* 将自然数学化的尝试在伽利略之前并没有先例。我们可以在柏拉图《蒂迈欧篇》中找到类似的尝试。但一个对自然的数学化理论获得广为认可,这还是第一次。
† 与笛卡尔不同,伽利略沿袭亚里士多德,认为灵魂在本质上是具身性的。尽管如此,很明显他还是认为灵魂是无形的并且在"自然哲学"领域(即物理科学)之外。

存在于柠檬中。如同美只存在于欣赏者的眼中，当人类体验世界时，颜色、气味、味道和声音只存在于她有意识的灵魂中。换句话说，伽利略将本来属于世界中物体（比如柠檬）特征的感觉性质，转变成了人类灵魂中的意识形式。

回想那个古老的哲学谜题："如果森林中一棵树倒下了却没有人听到，那么它发出声音了吗？"在伽利略对世界的重新构想中，答案是斩钉截铁的"没有"。倒下的树在空气中产生振动，振动具有诸如尺寸、形状、位置和运动这类数学特征。但是只有当一个在旁的灵魂对振动作出反应时，声音才存在。声音对伽利略而言并不是物质世界的特征，只是存在于人类有意识的灵魂中的一种意识形式。

因此，伽利略的宇宙被区分为两类截然不同的实体。其中一类是物质物体，它们只有尺寸、形状、位置和运动这样的数学特征；而另一类则是沉浸在五彩斑斓感觉意识中、对世界做出反应的灵魂。这种对世界的描绘的优势在于，我们能完整地用数学语言捕获物质世界及其最少量的特征。这就是数学化物理学的诞生。

充分承认这种彻底区分的价值，我们也看到，伽利略并没有把物理科学（或者是他所说的"自然哲学"）当作对世界的完整解释。对他而言，物理科学仅限于描述物质世界：纯粹定量的词汇意味着它不能捕获寓居灵魂中的感觉性质。伽利略是物理科学之父，但是他本意只是用物理科学对实在进行部分地描述。

人们可能会问，这些关于物理科学起源的故事在多大程度上影响了当代科学对宇宙的理解。不能仅仅因为伽利略认为物理科学不能解释感觉性质，就认为他是对的，可能伽利略带来的科学方法比他想象的要更为强大。

有可能伽利略真的错了。但是对物理科学起源的反思，确实可以作为对塞思和其他人论调的一种回应，他们认为科学的一系列令人难以置信的成功记录，支持了物理科学某天能够解释意识的观点。物理科学确实取得了非凡的成功，但是需要牢记于心的是，它的成功始于伽利略将感觉性质（声音，气味，味道）从研究领域中剥离出来：感觉性质被重新构想为存在于无形灵魂中的意识形式。物理科学通过忽视感觉性质取得了卓越成功，这个事实并没有理由让我们相信，将目光转回感觉性质时它会有同样的优异表现。

再打个比方。典型的学校事务（至少是在英国大学中）有三个相当不同的构成部分：教学、研究和管理。擅长研究的技能与擅长教学的技能截然不同，两者与擅长管理的技能也不同。在我作为哲学讲师的第一个学期，系主任非常友善地简化了我的工作，使我能专注于教学和研究。事实证明，当我只做这两项工作时，我做得非常出色（仅仅就自我感觉而言）。然而并没有理由说，当我最终不得不将注意力转向管理工作时会做得同样好。事实上很不幸，在这方面我做得很糟糕。

同样，物理科学过去 500 多年里的成功是因为伽利略收缩了它的研究领域。正如系主任对我说："现在不需要为管理事务操心。"伽利略对物理学家说道："现在不需要为感觉性质操心。"从"物理科学非常成功"到"物理科学某天终将解释意识的感觉性质"的论证,在科学史上没有得到证据支持。

让我再次表述得明确些:我不是说这证明了物理科学不能够解释意识,但它的确削弱了"物理科学必然能够解释意识"的论调。

伽利略的错误

科普节目通常会讲述这样的故事:数千年来哲学家都是在闲坐中探寻实在的真面目,直到有一天伽利略出现然后说道:"我知道了,让我们通过观测来探寻世界吧。"虽然发展出一种新的实验方法至关重要,但是只关注这一点就会忽略我们当下自然科学观念的哲学基础。作为哲学家的伽利略,通过将感觉性质排除在探究领域之外并将其安置在有意识的心灵中,创造了物理科学。这确实成绩斐然,因为排除感觉性质之后留存下来的东西,都能够被定量的数学语言捕获。

然而,当我们要进行的科学解释对象已经不限于无生命世界,也包括有意识的心灵时,这些感觉性质就折返回来紧咬不放。我们无法将主观内心世界与寓居其中的颜色、气味、味道和声音等感觉性质区分开来,它们刻画了我们清醒时的每一秒经验。如果对意识的"解释"不能解释感觉性质,那它实际上就不是对意识的解释。如果伽利略穿越到今天听说我们对意识进行物理科学解释所面临的困难时,他很可能会说:"当然如此,我设计的物理科学处理的本来就是量而不是质。"

物理科学精彩绝伦。而这一切之所以可能,是因为伽利略教会我们如何用数学去思考物质。但是伽利略的自然哲学也给我们留下了深远的困难。如果我们遵循伽利略的思想：（A）自然科学本质上是定量的，（B）质不能被量所解释，那么，本质上是定性现象的意识将永远被隔绝在科学理解的范围之外。伽利略的错误在于让我们信奉了一种自然理论，而意识在这个理论中本质上且必然是神秘的。易言之，伽利略制造了意识问题。

我们如何修正他的错误？接下来的章节中我们将考察三种可能路径：

第一种选项：自然主义二元论

这一种选项的支持者们认同伽利略的二元论，即自然被划分成两类不同的范畴：物理物体及其数学化性质与无形的心灵及意识。非物质的心灵通常被认为无法用科学解释。但是自然主义二元论否认有意识的心灵是神秘魔法，而把它当作自然秩序的一部分。尽管伽利略将灵魂安置在自然科学领域之外，自然主义二元论希望扩展科学的研究领域，从而将非物质的心灵囊括其中。我们将在下一章将着重探讨自然主义二元论。

第二种选项：物理主义

物理主义者感念伽利略创造了物理科学，但是并不认同他将意识当做真实现象、不能被物理解释的观点，这是之前讨论过的塞思和丘奇兰德夫妇的立场。彻底的物理主义者主张意识是一种幻觉。更为温和的物理主义者希望某天我们能借助人脑中的化学过程来解释意识的主观内心世界。物理主义在以上两种立场中都对伽利略的错误作出保守的修正，他们不需要科学解释有新的范式。物理主义是第三章的主题。

第三种选项：泛心论

上面两种是近年来人们思考意识的主流选项。二元论者认为不可能对意识作出物理解释，物理主义者认为灵魂不可能成为科学的一部分。很难想象这一漫长的争论能通过非此即彼的方式来解决。但是有一种理论承认二者都有正确的要素，也就是泛心论（panpsychism）。泛心论者认为意识是物理世界中基本的、普遍存在的特征。越来越多的哲学家甚至一些神经科学家开始转而接受这个观点：泛心论可能是最有希望解决意识问题的选项。我将在第四章给出理由。

——

现在说这其中有哪个选项将解决意识问题，还为时尚早。但是解决某个问题的前提是，你对问题究竟是什么有了一个深刻的理解。意识问题始于伽利略决定不再让科学涉足意识。为了解决这个问题，我们首先要找到某种方式，让科学重新涉足意识。

第 2 章

机器中有幽灵吗?

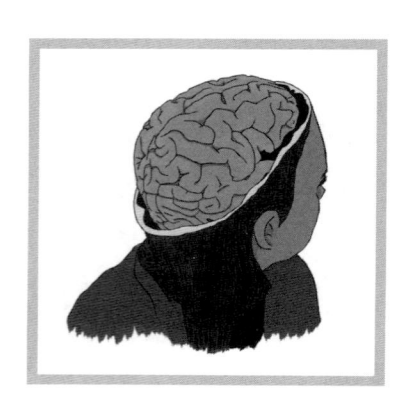

想象一下你最好的朋友,讨论方便起见,我们称呼她为苏珊。想象苏珊背对你在你面前坐着,而你站着,俯视着她的颅顶。继续设想苏珊动过手术,颅顶被切除了,因此你能直接看到她颅内黏湿的灰质。人脑是极其复杂的器官,包含了近一千亿个神经元,每个神经元都与上万神经元直接相连,产生约十万亿的神经连接。那么你自然很想知道,在这十万亿连接中哪里是苏珊:她的希望和恐惧、快乐和痛苦,她人格中不可言说的本质?

这样的反思让意识问题的核心更加鲜明。我们对彼此的基本构想是有意识的存在，也就是说我们都是拥有感觉、经验和情绪的生物。但是在身体和人脑的科学叙事中似乎却没有出现过感觉和情绪。关于人的这两种看起来截然不同的叙事如何并行呢？

　　历史上对于意识问题的最流行的解决方案是二元论。按照二元论的观点，实在由两类截然不同的事物构成：分别是非物质的心灵和物理的事物。心灵和物理事物在二元论的定义中是彼此对立的。心灵是非物理性的：它没有尺寸、形状或质量，不能被五官所察知。那么心灵有什么特征呢？按照二元论的观点，心灵承载着意识；是心灵而非人脑去思考去感受。与之相反，物理实体没有心理特征。它们只拥有我们能够观测到、同时也是我们在物理学中学到的诸如尺寸、形状、质量等特性。*

　　再回到苏珊颅顶中窥探着外界的人脑。如果二元论是正确的，那么你现在注视的并不是苏珊。严格来讲，苏珊是不可见的心灵，而你现在看到的仅仅是苏珊用来应付世界的身体和人脑。† 对二元论者来说，苏珊和她身体的关系有些像无人机操作

---

* 一些当代二元论者赞成属性二元论（property dualism）。这一观点认为，虽然不存在非物理事物（只存在如身体、人脑这类物理事物），但有些物理事物（如人脑）同时具有物理和非物理特性（也叫做"属性"）。简洁起见，我忽略了种种二元论之间的微妙差异。我认为，就我们本章探讨的议题而言，无论是属性二元论还是更传统的实体二元论（substance dualism）面临的问题都是一样的（不同之处在于后者既包含非物质的心灵也包含非物质的意识）。更多细节参见我更为学术性的著作《意识与基本实在》（Consciousness and Fundamental Reality）。

† 我在这里假定二元论者会对"苏珊是什么？""苏珊的心灵是什么？"两个问题给出相同的答案。原则上可能并非如此。例如哲学家约翰·洛克在心灵问题上倾向于二元论，但是并不会将人等同为灵魂。我忽略了这种复杂性，因为它对于我们当前探讨的议题并不重要。

员和无人机之间的关系。正如操作员控制无人机并且通过它来接受外部信息一样，苏珊控制（某种程度上）这具身体并且通过眼睛耳朵来接收信息。但是苏珊和她的身体或人脑不完全一样，而且也许可以脱离身体继续存在。按照二元论，人类是一种复合而成的实体（composite entity）：是物理身体和非物质心灵的结合。

二元论确实解决了很多问题。意识科学的很多研究都致力于通过人脑的电化学过程来解释意识。尽管神经科学对人脑的认识进展迅猛，但是迄今在解释意识方面还没有取得重大成功。二元论者对此有简单解释：心灵和人脑是彼此截然不同、相互独立的事物。感觉、情绪和经验寓居于非物质的心灵中而不是人脑中，而心灵和身体显然是泾渭分明的东西。二元论者不假思索地接受了这种显而易见的解释。

无论是否正确，二元论是思考我们自身非常自然的方式。我们知道的文化和宗教多数都赞成某种形式的二元论。甚至是二元论最强烈的反对者也承认，在日常生活中他们会不由自主地认为心灵和身体截然有别。心理学家保罗·布鲁姆（Paul Bloom）认为二元论是直觉的，儿童在很早期就开始将"心理事物"和"物理事物"区分开来。[1]

某个观点得来自然或者是直觉式的，并不意味着它是正确的，但也不意味着它是错误的。思考二元论时，和对待所有其他关于意识的理论一样，我们应该不带偏见地考量其证据和论点。

交互难题

所有哲学专业本科生都知道，西方哲学中最有名的二元论者是勒内·笛卡尔。上一章我们曾介绍过，笛卡尔认为心灵比身体更易被知晓：你不能完全肯定自己拥有身体或者人脑，但是你肯定知道自己是一个具有意识的存在。笛卡尔据此推断心灵和身体肯定是两类事物。

哲学本科生学到笛卡尔的二元论后，同样会了解到二元论面临的最严峻挑战，是解释心灵和身体如何互动。二元论者并不想否认心灵能够作用于身体，比如有意识的心灵感到疼痛时会引起身体的哭喊大叫。他们同样不想否认身体能够影响心灵，就如图像触及眼睛的视网膜时会引起心灵中的视觉经验。但是这究竟如何可能呢？上文中我们曾将苏珊的心灵与身体（按照二元论的说法）的关系同操作员与无人机的关系做比较。但许多人会争辩，两个例子里有重要的不同：我们很容易理解操作员与无人机是通过无线电传输相联系的，但是完全不知道非物质的心灵与物质的人脑如何互动。波西米亚的伊丽莎白公主在一封冗长却有趣的信中对笛卡尔提出了上述质疑。

事实上，这一质疑并不像许多哲学本科课程中呈现得那样直接。二元论者确实不能解释心灵和人脑间的因果联系，但是这可能只是人类知识普遍局限性的一部分。笛卡尔只是苦恼于理解心灵—身体如何互动，而一个世纪之后伟大的苏格兰哲学家大卫·休谟指出，我们实际上解释不了宇宙中任何基本的因果关系。[2] 如果这是真的，那么所谓二元论的"失败"只不过是我们科学理解普遍失败中一个微不足道的案例而已。

我们来思考一下牛顿的万有引力理论，以更好地理解休谟的观点。牛顿的理论并没有真正解释引力，毋宁是提出了数学定律来描述所有物体间的相互吸引力。根据牛顿定律，所有物体间都会有相互吸引的力，这个力的大小与质量成正比，与彼此间距离的平方成反比。牛顿并没有解释为什么物体会施加这个力。他也承认这一点。关于产生引力的背后机制，他说过一句著名的话："我不做假设"（Hypotheses non fingo）。

近300年后，爱因斯坦提出了物质使时空弯曲的观点，对引力做出了更深刻的解释。弯曲进而会影响物体的路径：按照爱因斯坦的理论，事物有用最短路径穿过时空的固有倾向，而最短的路径是由时空如何弯曲决定的。然而，如同牛顿没有解释物体为何施加引力，爱因斯坦同样没有解释为何物质会使时空弯曲，或者物质为何在穿行时空时遵循最短路径。涉及宇宙的基本因果运作时，科学家提供的是准确描述物质如何运转的数学定律，但是他们没有解释物质为何如此运转。

回到我们的无人机类比。之前我说过，我们能很好地理解操作员通过无线电波传输来控制无人机。某种意义上这种说法是正确的，因为我们知道电磁波的物理定律，而无线电波是电磁波的一种形式。但是我们解释不了为何自然要按照这些定律行事。作为基本的物理定律，它们只是被视作理所当然。所以深究之下，我们发现标准的物理交互如同心身二元论的心灵与身体间的交互一样玄妙又无理由。

需要澄清的是，我并不是说科学家应当解释自然基本定律为何存在。要点在于：物理学家假定了一套基本的、缺乏进一步解释的定律，它支配着物质间的因果交互，如果这种做法没有问题，为什么二元论者就不能假定一套基本的、缺乏进一步解释的定律，用来支配心灵与人脑之间的因果交互呢？

自然主义二元论

笛卡尔是历史上最著名的二元论倡导者，而澳大利亚哲学家大卫·查默斯（David Chalmers）很可能是当今健在的最著名的二元论者。20世纪90年代，查默斯因他在意识哲学方面的开创性工作在学界声名鹊起。20多岁的时候，他是蓄长发穿皮夹克的摇滚哲学家，看起来更像是重金属吉他手而不是学者。查默斯用一个简洁的、由三个单词构成的词组，永久性地改变了意识科学：困难问题（The Hard Problem），这个词在意识问题的学术论辩中已成为必不可少的部分。[3]

这个词怎么会产生这么大的影响？20世纪很长一段时间里，意识都是一个禁忌的话题，一个多少有点神秘的概念，不适合被用于"正式"科学研究。意识恐惧症的顶点是20世纪二三十年代流行的行为主义，它由心理学家约翰·B.华生（John B. Watson）和B. F.斯金纳（B. F. Skinner）开创。19世纪的心理学家曾通过内省他们自己的意识经验来探究心灵。华生和斯金纳反对这种方法，认为它并不科学：人们的私人经验无法在实验室中得到严格检验。行为主义的信条是，科学心理学的唯一正式对象是可观测的行为。

到了20世纪末，人们开始重新接受"意识"这个词，而且想科学地解释它。但是，查默斯认为多数"意识的解释"都与意识无关。这些理论都声称要解释意识，但实际上他们关注的只是与意识紧密相关的行为现象。例如，他们把人类能够口头报告内部状态的能力称作"意识"，进而声称解释了这种行为能力也就解释了意识。

这些理论解释了意识的行为表现，查默斯把它们的努力归类为是在处理意识的"简单问题"（尽管如他本人不情愿地承认的那样，简单问题同样极其困难！）。与之对照，意识的"困难问题"是解释人脑活动如何产生经验：感觉、情绪、感受以及我们每个人所亲知的主观内心世界。正如上一章讨论的那样，神经科学很难解释为何主观经验存在。查默斯用他简洁的三词词组，扫清了对该问题一直以来的逃避态度，迫使我们直面真正的谜团。

对于意识的困难问题，查默斯偏爱的解决方案是他称作"自然主义二元论"（naturalistic dualism）的进路。历史上多数二元论者都将心灵与灵魂相等同，认为它超越了科学解释的领域。在东方宗教中，灵魂存在于轮回的无限循环中，驱动这个循环的是因果报应，一个人来世的生活品质是由前世的道德修为决定的。在西方宗教中，灵魂在受孕那一刻被上帝奇迹般创造出来，死后被带到极乐世界或永恒痛苦中。很明显，这类关乎业力或神性的行为，不是我们有望通过方程就能捕获的事物。

与此相反，自然主义二元论希望将非物质的心灵带到严肃的科学研究领域中。我曾问查默斯,他是否有精神信念或是宗教信仰,他回答说:"只有那样,宇宙才带劲儿。"另一位著名的自然主义二元论者是德国出生的瑞士哲学家马蒂娜·尼达-吕梅林(Martine Nida-Rümelin),她非常恼怒于二元论应该跟神话与宗教信仰的变幻莫测糅合起来的观点。在一次哲学会议晚宴中,她对我说道:"整个关于信仰的观念都极其非理性。它要求你相信但不提供证据!"

尼达-吕梅林完全拒斥了我们通常认为心灵神秘莫测的观点,认为它仅仅是自然的一部分,如同电子、行星一样自然。按照自然主义二元论的观点,心灵与电子、恒星一样遵循自然定律。这并不意味着心灵遵循着物理学定律,毕竟它们不是物质。自然主义二元论设定了一种特殊的心理-物理定律,这种自然规律与万有引力定律、电磁定律同样基本,它支配着非物质的心灵与物质世界的交互。

心理-物理定律的例子有哪些?我们又如何知晓心理-物理定律究竟是什么呢?按照自然主义二元论的观点,这是一个科学问题,我们也应该诉诸科学来寻找答案。事实上,自然主义二元论采用了与物理主义一样的科学方法。与一般的设想不同,神经科学的数据不预设何为真正的意识解释,它既可以在二元论框架中进行解读,也可以在非二元论框架中进行解读。让我们更详细地探究这一点。

为了证明神经科学的中立性,来考察一下信息整合理论(Integrated Information Theory,以下简称IIT)这一当代意识神经科学研究中有影响力的竞争理论。IIT来自朱里奥·托诺尼（Giulio Tononi）的创意，克里斯托弗·科赫（Christof Koch）也极力为之辩护，科赫曾与诺贝尔奖得主、DNA 共同发现者弗朗西斯·克里克合作研究意识课题。托诺尼提出了一种精准的数学方法来界定一个物理系统中信息整合的数量。粗略来说，他提出，标记为 φ 的测定信息整合的方法，同样能用来测量意识。

IIT 能够解释很多关于意识的经验数据。例如，我们知道意识并不仅仅与复杂性相关。如果我们比较小脑（后脑中的一个区域，在运动控制方面起到重要作用）和大脑（中枢神经系统中最大、最重要的区域），会发现小脑中包含的神经元要比大脑多得多：人脑 860 亿个神经中的 690 亿个位于小脑。然而，当小脑似乎已经经验性死亡时，支撑意识的是大脑中的后皮层等部分。对此该作何解释呢？事实证明，尽管小脑有更多神经元，但是其中的神经元连接要比大脑中的神经元连接要少得多。因而，大脑比起小脑拥有更多的信息整合，这正是 IIT 预测为对意识至关重要的东西。

IIT 同样解释了癫痫发作和深度睡眠时为什么人没有意识，尽管两种状态下人脑活动处于正常水平或远远高于正常水平（癫痫发作时）。在癫痫发作和深度睡眠期间，我们观测到的人脑活动由"慢波"组成，即一系列高度规律的爆发和静默，它们几乎不包含信息整合。这同样符合 IIT 的预测。[*]

意识研究最具有实践效应的一个方面，是确定那些长期

---

[*] 正如我们将在第四章讨论的那样，许多人不赞同在"无梦睡眠"中没有意识。

昏迷、没有意识迹象表现的人实际上是否有意识：用医学行话说，他们是否被"锁闭"（locked in）了。IIT对此做出了猜想：通过扫描人脑来测定信息整合的水平，我们能够按照IIT确定昏迷患者是否有意识。要证实这些预测是比较困难的，因为就其定义来说，昏迷患者的反应并不灵敏，但是就患者有反应的情况来说——比如询问清醒过来的患者——IIT的预测是站得住脚的。

现阶段IIT的证据还远远谈不上确凿。但是如果有一天IIT如同广义相对论一样得到了很好的证实，我们能说它解决了意识的"困难问题"吗？事实上并不能。神经科学提供的是特定物理状态与意识状态之间的相关关系。在IIT的案例中，人们假定意识与信息整合相关：哪里有信息整合哪里就有意识，反之亦然。但是IIT没有解释为何会存在这种相关。

这引导我们用另一种方式来理解意识"简单问题"和"困难问题"的区分：

· 简单问题：哪一类人脑活动与意识相关？
· 困难问题：为什么特定的人脑活动与意识相关？

IIT是解决"简单问题"的一种可能路径，但是它没有回答困难问题。

IIT不能单凭自身解决困难问题，但与自然主义二元论结合起来，我们至少能得到解决路径的一种方案。如果一位自然主义二元论者认可IIT，那么她的观点是自然界存在基本的心理-物理定律——如同万有引力定律一样基本——也就是说哪里有信息整合，哪里就有意识。

自然主义二元论不会去宣称能够解释为什么这个基本的心理-物理定律会存在，如我们上面讨论过的，基本定律的本质如此。牛顿同样不能解释牛顿定律为什么会存在。作为自然的基本定律，二元论者的心理-物理定律不能被解释，但是我们一旦接受它，就能预测宇宙中意识的分布。哲学家维特根斯坦说过，解释总要在某处有一个终点。对有些人来说，物理学就是解释的终点。对自然主义二元论者来说，物理定律以及心理-物理定律就是解释的终点，心理-物理定律和基本物理定律一样，都是支配我们宇宙的基本法则。

自然主义二元论真的能够作为严肃的科学方案吗？可以肯定的是，自然主义二元论迄今还没有拿出像我们在物理科学中见到的那种详尽的、由经验支持的假设。但也可能这只是表明我们还处在意识科学研究的较早阶段，可能我们仍在等待"意识界的牛顿"提出一个简洁的方程来捕获身体与心灵间的连接。鉴于解释意识如此之难，有人认为我们不应该放弃每一个选项。

事实上，多数哲学家和科学家并不乐意保留二元论，无论是自然主义二元论还是其他的二元论。这倒并不是因为心灵和物质交互这个想法中有什么内在的神秘性。基本物理定律之外还有基本心理-物理定律，这个想法本身没有不自洽的地方。多数哲学家拒斥二元论是因为他们认为二元论已经被科学证伪了。

科学已经证明实在完全是物理的吗？

宗教文献中充斥着奇迹干预自然运作的故事。以色列人逃离埃及的时候，上帝劈开红海，使他们能沿着海底陆地抵达安全的地方。有人认为，在某些极特殊情形下，这类事件可能会合乎自然地发生。也许吧，但是解读这个故事的一个更自然的方式是，这并不是什么自然而然发生的事件。更确切地说，是因为上帝干预了自然运作，才让这些本不该发生的事情发生。

当然，上帝是否存在是有争议的，假使上帝存在，他是否会干预他创造的世界也同样有争议。有人信奉一种关于上帝的"自然神论"（deist）观点：他引爆了宇宙大爆炸之后就袖手旁观，任其自然发展。如果我们一定要说上帝真的不断干预世界，那他的行为也并不足以彰显其存在。

我们再来假想一个完全不同的世界，这个世界里的上帝经常通过神力治疗疾病来干预自然进程。这样的世界在医学家看来是什么样子？我们会认为身体上的各类变化都不能通过物理原因来解释。癌症会消失，断骨会复原，伤口会迅速愈合。不能拿物理原因进行解释的通常被称作"反常事件"。在这个想象世界中，上帝将不断通过反常事件彰显其存在。

我刚才描绘的似乎是一个融贯的世界，但这不是我们生活的世界。当医学家在现实世界检查人们的身体时，他们并没有发现反常事件，至少没有很频繁地发现。事实上，如果我们没有经常发现反常事件，这就已经构成了证据支持我们的世界并没有一个时不时干预自然的上帝。现有的证据当然不是决定性的，可能只是医生们因为各种各样的原因持续错过了奇迹。但是随着时间推移，似乎这种持续错过越来越不可能。越来越多的生理学探究都没有揭示反常事件，这让我们有更多理由认为根本就不存在反常事件。要么是上帝不存在，要么他隐匿起来了。

这与二元论究竟有什么关系呢？许多哲学家反对二元论的理由在本质上和上述反对干预型上帝的理由是一个类型的。想象一下，在日常生活中非物质的心灵通过开启物理进程时刻影响人脑，使肢体按照有意识的心灵的意愿来移动。比如，当心灵想举起你身体的右臂时，它在人脑中引起变化，从而开启一个因果进程，导致你举起右臂。每一个被非物质心灵引发的事件都将缺少一个物理原因。就此而言，每一次由心灵施加给人脑的影响都是反常事件、一个微小的奇迹。

换言之，人脑中一个经常"干预"的非物质心灵与一个经常通过神力疗伤干预身体的非物质上帝大体上没有多大区分。两种情况下，都是某种非物理事物——上帝或者心灵——开启了物理世界中的变化。两种情形下的变化都没有物理意义上的解释，因而是反常的。可能唯一不同的是，在二元论情形中反常事件要频繁得多，因为人脑和心灵时刻处在因果交互中，就好像有个精灵小鬼一直在捉弄人脑。

很难想象我们的神经科学中不会出现反常事件，人脑中千奇百怪的事情我们无法用神经科学来解释，准确来说是因为非物质心灵干预引起的。当我们检视人脑时，会发现心灵改变人脑时发生了物理因果链条的"断裂"。如果一个非物质的上帝频繁干预世界，那么他的存在是彰显的，因为许多事件没有物理解释。同样，如果非物质心灵在人脑中频繁干预，那么心灵的存在是彰显的，因为人脑中会出现诸多同样缺乏物理成因的事件。

二元论的问题是我们似乎还没有在人脑中发现反常事件。如果我们对人脑如何运转知之甚少，也许不该期待发现什么反常事件。然而，尽管目前我们对人脑的神经科学理解还远远不够完善，但我们知道神经元是如何运转的，也很好地了解了人脑不同区域在处理信息和引起行为方面的作用。在所有这些细致研究中从来没有发现人脑中存在反常事件，当然我们可能持续错过了它们。但是随着时间推移，似乎这种持续错过越来越不可能，并没有出现过什么反常事件。

能够被完全彻底证明的事物少之又少，人们不会知道在未来科学研究中会出现什么。但是就当前阶段来说，许多科学家和哲学家有理由相信，从未在人脑中发现反常事件，是反驳二元论强有力的证据。

量子力学能成为救星吗？

自然主义二元论如何回应这一困扰呢？一种思辨式观点认为，量子力学有可能帮助我们框定心灵和身体之间的连接。这个想法在量子力学创立的早期就已经被讨论过。1939年弗里茨·伦敦（Fritz London）和埃德蒙德·鲍尔（Edmond Bauer）提出，意识在量子力学中具有不可或缺的地位，沿着这个思路，诺贝尔奖得主尤金·魏格纳（Rugene Wigner）在1961年写道："量子力学的创立将物理理论的疆界扩展到能够囊括微观现象，意识概念这时再次变得重要：如果不考虑意识，就不可能前后连贯地表达量子力学定律。"[4] 但是，直到20世纪90年代，美国物理学家亨利·斯塔普（Henry Stapp）才严格地提出了这个观点，他希望量子力学能提供一种方法来调和人类的自由意志与物理的因果关系。[5] 更晚近一些，大卫·查默斯与合著者凯文·麦奎因（Kevin McQueen）给出了他们对此观点的详尽解释。[6]

量子力学基本上是数学，能够使我们非常准确地预测物理世界中的事件。由于其预测如此准确，量子力学已成为我们最为坚实的科学理论之一。绝大多数当代科技，从计算机到手机到GPS，都依赖于量子力学的预测效力。

麻烦在于，没有人真正知道量子力学告诉我们的是关于实在的什么。我们知道它很有效：你通过方程就能计算出会发生什么（或者更准确地说是将要发生的事情的客观概率）。但是没有人知道物理实在中究竟何事发生才产生了这些结果。这还不像我们在前面提到的科学无法解释为何其最基本的自然定律会起作用。尽管牛顿没有解释为何他的万有引力是真理，很明显他的理论告诉我们的是关于世界之事。但到了量子力学，科学家们甚至对该理论究竟在表达什么也还没有共识。

为什么量子力学让人如此费解？这个问题并没有单一的答案，这个理论的很多特点我们都很难给出解释。我们会在第四章讨论"量子纠缠"现象，在这种现象中一对粒子表现得像是一个统一的系统，尽管它们彼此之间的距离已经遥远到不可能进行因果信号的传递。更为吊诡的是，在量子力学中，粒子不需要精确的位置和速度，取而代之的是多种位置/速度的"叠加态"。没有人知道什么是叠加态，但我们可以把它看作是对现实之非此即彼的拒斥。当一个粒子处在位置 X 和位置 Y 的叠加态时，它处在一个奇怪的状态：它可能同时位于 X、Y 两个位置，但又绝不在其中任何一个位置。

这太过匪夷所思了。但是我们可能还没有触及量子力学中让哲学家和科学家最为头疼的特征。量子力学最最奇怪的特征在于，观测似乎能影响宇宙如何运转。

1932 年，约翰·冯·诺依曼（John von Neumann）提出了正统的量子力学公式，其中有两条自然规律在亚原子层面起支配作用：薛定谔方程和波函数坍缩假设。[7] 然而，这两种定律是相悖的：二者不能在同一时刻支配同一个物理系统。薛定谔方程诡谲怪异至极，它非常乐于接受事物没有确定的特点。就薛定谔方程而言，粒子并不是处在非此即彼的某种状态，而是以某种方式同时处在两种状态；放射性物质不知怎么地，竟能处于既衰变又不衰变的状态。与之相反，坍缩假设则能够消除这种神秘的矛盾，当它起效时，实在就定型了。粒子要么确定在此，要么确定在彼，不可能同时在两处，放射性物质也不会既衰变又不衰变。

是什么导致了这种差异，时而是薛定谔方程支配，时而是坍缩假设主导呢？这就是问题所在：乍看之下，似乎取决于被观测的是什么。如果实在的特定特征没有被观测，那么是诡谲的薛定谔方程起作用。但是只要谁偷偷瞥一眼,坍缩假设就起作用了。

广为人知的薛定谔的猫呈现了这一图景,这个故事来自量子力学先驱埃尔温·薛定谔(Erwin Schrödinger,薛定谔方程当然就是以他的名字命名的)的思想实验。这只可怜的猫被困在一个盒子里,盒子中有一个盖革计数器,它连接着一瓶毒药和少量放射性物质。如果放射性物质衰变,盖革计数器会放电,带动机关击碎毒药瓶,猫也就死了;如果放射性物质不衰变,猫就活下来了。当盒子封闭,系统未被观测时,薛定谔方程起支配作用,结果是放射性物质同时以既衰变又未衰变的叠加态存在,由此得知,猫处于死和活的叠加态中。而盒子一旦被打开,坍缩假设开始接管,叠加态转化为一个确定的值,使得放射性物质要么衰变要么没有衰变,猫要么确定活着,要么确定死亡。

叠加态确实很难理解。但更难理解的是,观测能使叠加态转变为非叠加态。究竟为什么仅仅是观测就会让世界发生这样的改变?宇宙怎么知道我们是否在看它?许多科学家和哲学家不喜欢这种理论,尝试找到方法来规避观测在理论中扮演的关键角色。以此为起点,我们现在有了对量子力学的多种解释。

休·埃弗雷特(Hugh Evertt)在1957年提出的多世界解释紧紧抓住了大众的眼球。[8] 按照这一解释,宇宙的不同部分分化成多种可能性,每一种可能性都自足真实地存在着。为什么物理学家会严肃对待这个理论呢?因为它能够消除坍缩假设的需要。之前人们设想,当诡谲的包含了多种可能性的叠加态转变为单一确定结果时，坍缩假设就起效了。但是在多世界理论中这并不会发生，因为所有可能性继续存在于它们各自的实在分支中。在多世界理论中，"叠加态"只是一种描述方式，用来描述存在于不同分支中的不同可能性：在可能性之树的不同分叉中，猫既是死的又是活的。没有多个叠加的可能性向单一确定结果的转变，也就没有了由薛定谔方程支配到坍缩假设支配的转变，因而也就不再需要给观测设定多么关键的角色以推动这种转变。问题解决了！代价是需要承认，一切都可能发生的都要发生，而这严重违背了我们常识观念中对可能性的看法。

其他量子力学的种种解释都保留了薛定谔方程向坍缩假设的转变，但假定了更为平凡单调的机制作为基础，以让这个转变不依赖观测者在场。这些解释中尚未有任何一个成为物理学家之间的共识。

还有其他选项吗？量子力学乍看之下似乎告诉我们，观测能对物理实在产生影响，有没有什么办法能让我们接受这一点？问题是，"观测"似乎并不是实在的基本特征，因而很难理解它为何在我们的世界基本理论中扮演如此重要的角色。物理学中的基本事物是粒子、场、时空和力。而"观测者"怎么能和粒子、场一样必不可少呢？

不过，仍然有一种方法能够让我们理解观测者为何是基本的：那就是接受二元论。根据二元论的观点，有意识的心灵——或曰"观测者"——是世界的基本特征，如同电子和夸克一样基本，"量子二元论"（姑且这么称呼它）的基本观点是：非物质心灵与物理世界的交互，导致了怪异的薛定谔方程支配转变为我们熟悉的坍缩假设支配。薛定谔的猫只有在有意识的心灵没有通过观测与盒子内部交互的情况下，才处于既死又活的不确定状态中。一旦人类心灵与系统相关属性交互，生死叠加态就转变为确定的非死即生。如果有意识的心灵与物理世界交互，那么将基本角色赋予观测是完全说得通的。[*]

让我们详尽考量一下这个理论。心灵和物理世界的第一个连接点在人脑。按照量子二元论的观点，通过将特定人脑事件由叠加态转变为具有确定特征或"属性"，有意识的心灵影响了人脑。例如，我脑中的特定部分在受心灵作用之前，可能以如下两种物理可能性的叠加态存在：

- 物理属性X：某事态会引发我的胳膊抬起。
- 物理属性Y：某事态不会引发我的胳膊抬起。

通过与我脑中相关部分的交互，心灵使叠加态确定为性质X或性质Y，结果是我的手臂要么抬起，要么保持下垂。通过把叠加态转化为性质X或性质Y，有意识的心灵在引起我的手臂或动或静的动态过程中发挥了关键作用。[†]

---

[*] 那么猫自身的意识又如何？尽管笛卡尔认为动物是没有感觉的机械，但是我还没有遇到任何一个自然主义二元论者赞同他的观点。要应对这个问题，我们可以让猫失去意识，或者把猫整个拿出来，只关注放射源由叠加态到确定态的转变。
[†] 我在这里作了简化。在查默斯和麦奎因最初的观点中，尽管上一刻的人脑性质会进入叠加态，但与意识相关的人脑性质本身并不会进入叠加态。在后期对这一观点的修正中，甚至是与意识相关的人脑性质，也会短暂地进入叠加态。

量子力学二元论解释的吸引力在于，它在物理学的核心位置为有意识的心灵提供了因果性的角色。上一章中我们曾讨论过我们的担忧，非物质心灵作用于大脑被认为是缺乏物理解释的反常人脑事件，而神经科学似乎没有表明有这类反常事件（二元论的反对者据此质疑非物质心灵的存在）。但是如果量子二元论是正确的，那么非物质心灵将成为物理学的补充而非与之相悖。乍看之下物理学表明，观测或与观测相关的事物会将叠加态转变为确定值，量子二元论仅仅将这个角色赋予有意识的心灵。正如大卫·查默斯曾对我评说过的那样："如果你期待在某种科学理论里，有意识的心灵能发挥基础性作用，那没有比量子力学更好的选择了。"

量子二元论是令人神往的路径，值得详细探究。阻碍它被认真对待的是一种文化偏见，它使得量子二元论并没有像其他量子力学解释一样充分发展。事实上，正如查默斯和麦奎因敏锐指出的那样，在二元论被习惯性地拒斥和量子力学二元论解释被习惯性地拒斥之间，存在着恶性循环。哲学家通常拒斥二元论的理由是交互问题：很难理解有意识的心灵如何作用于物理世界。但是如果量子二元论是正确的，那这个问题就能预先被避免，因为意识在物理世界基本的动态系统中发挥着作用。与此同时，科学家拒斥量子二元论是因为这里包含了已经名誉扫地的所谓二元论。因而情况看起来很有可能是，二元论被拒斥是因为量子二元论被视作是错误的，而量子二元论被拒斥是因为二元论被视作是错误的。这种情形如同信徒信仰上帝存在是因为《圣经》如是说，而信徒之所以相信《圣经》是因为语出上帝。两种情形下的论证都陷入了循环，除了造成支持者的偏见外别无益处。

话虽如此，可就目前来看，我并不认为量子二元论为有意识的心灵提供了充足的论证来支持它的因果性角色，至少查默斯和麦奎因发展的量子二元论还不够。上面我描述了，根据量子二元论，意识如何将性质 X、Y 的叠加态转化为确定的 X 或 Y，使得我的胳膊要么抬起要么垂着。你可能会觉得是有意识的心灵自由决定叠加态向 X 或 Y 的哪边转化，从而决定你的胳膊是否抬起。但是，这种假设是与物理学相悖的。因为在标准量子力学公式中，有着纯粹的物理规律——玻恩定理——来确定哪一种可能的确定性质从叠加态中出现。如果我们要说意识能够确定何种人脑性质从叠加态中出现，那么量子二元论者就必须找到方法来确保有意识的心灵的自由决断蕴含玻恩定理。这也许能实现，但是迄今为止任何量子二元论者还没有想到如何实现。

实际上，查默斯和麦奎因赋予意识的是一个相当小的角色。有意识的心灵与人脑的交互使得人脑不继续存在于叠加态中，但是这之后玻恩定理就接管了，去决定何种确定性质从叠加态中出现的概率。心灵扮演的角色好像仅仅是说："让叠加态消退吧！"然后物理学与随机因素一道决定了实际会发生什么。回到我们的例子中，我的意识心灵的作用是使得接下来我的胳膊或者确定要抬起或者确定要垂着，但又是物理学和随机因素来决定两种可能性中的哪一种会真正实现。

换句话说，在查默斯和麦奎因提出的量子二元论中，意识并不能决定我们的行为、我们的言语或者更普遍的我们对世界施加的影响。这种结果可能远远比不了我们直觉上赋予心灵的角色。当然，可能我们对意识之角色的直觉是错的。尽管如此，量子二元论的目标就是维系心灵能够引发行为这一常识观念。而查默斯和麦奎因的理论是否真的达成了这一目标尚不明确。*

简洁性的价值

我不认为我们应该彻底放弃二元论，也不应该放弃探究它是否与我们的科学世界图景相容。尽管当下文化对二元论屡屡轻蔑不屑，可是科学还远远没有证明二元论是荒谬的。但是，二元论应当被视作最后手段。即使最终它与科学并不相悖，我们也应该对二元论有所警惕，因为它不如其他意识理论一样简洁。

科学和哲学中最为重要的原则之一叫做"奥卡姆的剃刀"，来自中世纪哲学家奥卡姆的威廉，他凶猛地挥舞着这把剃刀来剔除对手的浮华理论。奥卡姆的剃刀有一个相当简单的原则，在所有其他条件不变的前提下，我们应该试着让我们关于实在的理论尽可能简洁。爱因斯坦对它的表述如下：

---

* 这一观点还存在其他问题，最为知名的是"量子芝诺效应"，查默斯和麦奎因在《意识与波函数坍缩》（Consciousness and the Collapse of the Wave Function）一文中曾讨论过。

> 不可否认，所有理论的终极目标就是使那些不可化约的基本要素尽可能简单、尽可能少，而又不必放弃对任何一条经验数据的充分表征。[9]

换句话说，如果理论 X、Y 都能解释数据，而理论 X 比理论 Y 更为简洁（也就是说设定了更少的实体），那么理论 X 就是我们应当选择的。例如，如果理论 X 设定了 12 个基本粒子而理论 Y 设定了 13 个基本粒子，那么理论 X 才是我们应该选取的（前提是额外的设定并没有预测优势）。

为什么钟情于简洁性的理由可能有些神秘。究竟为什么更为简单的理论更可能为真呢？然而少了这一原则，科学探究就会变得不可能。这是因为，当我们拥有一些数据时，总会有无穷无尽的假设能够解释这些数据。你不相信吗？想一下粒子物理学标准模型：一个非常成功的理论，能够解释大量可观测数据。现在考虑一下另一种理论，称之为"天使模型"，它假设了标准模型所设定的一切，除此之外还有一个无能的天使，这个天使注视着一切却不能做任何事。标准模型与天使模型能够做出同样的预测，因为天使什么都做不到，他的存在与否对我们的观测毫无影响。再来想一下"双天使模型"，在我们的假设中再增加另一位无能天使，还有"三重天使模型"，再增加第三位无能天使，以此类推，直至无穷。如此一来我们能得到无数个理论，但是不能通过观测对它们做出区分。

你可能会觉得这样的讨论有些不着边际。当然，基本标准模型是我们应该拥护的，因为额外的天使对于理论没有任何增益。我同意这一点。但这个关于标准模型优于天使模型的推理暗中援引了奥卡姆剃刀原则：标准模型具有优先权不是因为它比天使模型能解释更多的观测结果——所有这些理论在预测效力上都是同等的——而是因为它更为简洁。

大多数情况下选择最简洁理论的理由非常直截了当，而我们并没有注意到我们使用了奥卡姆的剃刀。但是在科学史上一些案例中，这一原则在理论选择上发挥了明显的、决定性的作用。爱因斯坦的狭义相对论就是一个很好的例子。爱因斯坦的理论与之前亨德里克·洛伦兹（Hendrik Lorentz）的观点具有同样的预测效力。两个理论都能解释，所有非加速的观测者，无论其运动速度有多快，测量到的光速都是一样的。这是由阿尔伯特·A. 迈克尔逊（Albert A. Michelson）和爱德华·W. 莫雷（Edward W. Morley）在 1887 年的一个著名实验中发现的，洛伦兹的理论和爱因斯坦的理论都能以各自的方式解释这一现象。但是，在洛伦兹看来，这一观测结果实际上并不是看起来那样。光速仅仅在表面上对于所有参照系都一样。洛伦兹设定了作用于我们测量工具（时钟、测量棒）上的力，这种力给人以错觉，让我们误以为光速对于不同观测者保持不变，而事实上它是变化的。

与此相反，爱因斯坦的理论排除了对这种力的设定，对观测数据有着更为简洁的解释。按照狭义相对论，光速似乎对所有非加速观测者保持不变是因为事实本来就是这样！尽管他们的理论在预测效力上是等同的，但是物理学界几乎一致接受了爱因斯坦的而非洛伦兹的理论。这一事实表明，奥卡姆的剃刀在科学方法中发挥了很大作用。

回到刚才的问题，如果二元论不能够解释心脑互动，那么它就应当被拒斥。但即便它可以做到，二元论也不如其他意识理论一样简洁，因而缺乏吸引力。下一章我们将探讨物理主义的观点，这一观点认为，意识能够通过人脑的电化学过程得到解释。如果这一观点成立，那么它有希望给出更为简洁的意识解释。如果意识能通过人脑得到解释，那么非物质心灵的设定将是多此一举。

我们不应该相信非物质心灵的存在，除非不得已而为之。从下一章的物理主义开始，本书剩余部分将会检视种种非二元论的意识理论的前景。

第 3 章

物理科学能够解释意识吗？

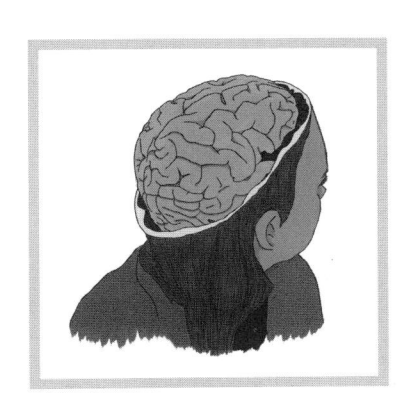

回到你的至交苏珊，我们在上一章的开头曾盯着她的脑袋冥思苦想。还是注视着她上万亿的神经连接，我们再次提出这个问题：苏珊在哪？上一章的主题是二元论。如果二元论是正确的，那么苏珊就是一个不可见的非物质心灵，而你现在看到的身体和人脑仅仅是苏珊用来与外部世界进行互动的工具。本章的主题是物理主义，物理主义者认为，关于苏珊在哪这个问题，答案就在你眼前。苏珊并没有什么非物质的或者不可见的部分，苏珊就是你现在注视下运作着的身体和人脑。

那么苏珊的感觉和经验、她的快乐和痛苦，她对颜色、声音和气味的诸感觉呢？对物理主义者来说，经验的内在主观世界应当用人脑的化学过程加以解释，就像水的湿度应当用水的分子结构来解释一样。人们普遍认为，与水的情况还不一样，我们到现在还没能对主观感受做出令人满意的解释。但是物理主义者相信，终有一天科学家能破解意识谜题，从而将意识完全纳入到对世界的科学解释中。

物理主义很有吸引力，因为它免除了意识素来容易招致的魔力感和神秘性。接下来让我们仔细审视这一理路。

哲学的意义是什么？

本章的题目是"物理科学能够解释意识吗？"，那么哲学能够回答这个问题吗？对像我这样的哲学家关于物理学能做什么、不能做什么的自视权威论调，许多人表示怀疑。事实上，眼下我们的文化充斥着怀疑——或者换一个更好听的说法叫"困惑"——哲学家能否对旨在揭示实在本质的科研项目有所贡献。此类怀疑论大概基于这样一个事实，哲学家通常是在未经实验和观测的情况下就得出结论。与自然科学家不同，哲学家的首要活动是思考。从事哲学研究通常不必离开扶手椅，甚至都不用下床！（我自己就自豪地追随着笛卡尔、凯恩斯和丘吉尔躺在床上工作的光荣传统……）

宇宙学家劳伦斯·克劳斯（Lawrence Krauss）这样表达过他的怀疑：

> 就物理宇宙而言，数学和实验，也就是理论物理、实验物理中的工具，似乎是处理规律问题仅有的有效方法……对于那些不理会不断产生的经验知识以及随之不断变化的问题，把自己的抽象定义强加给实在的人，无论把这些定义称作哲学还是神学，我想说：你们继续高谈阔论吧，让我们其他人埋头探究更多关于自然的东西。[1]

这类担忧是完全可以理解的。直觉上我们都会认为，如果想要了解世界，你就要观测它或进行实验。如果我们拥有神秘的第六感，那也许能进入冥想的恍惚状态，这样我们就能躺在扶手椅中研究实在了。遗憾的是，我们没有第六感。

事实上，这种对哲学在探究实在上的潜力的担忧并不局限于科学。哲学家詹姆斯·雷德曼（James Ladyman）和唐·罗斯（Don Ross）在其争议性著作《丢掉一切》（*Everything Must Go*）中抨击了同行哲学家们的"伪科学的形而上学"：

> 假设宇宙大爆炸是一个奇异的边界，大爆炸之前的任何信息无法跨越它。那么如果有人说"大爆炸是猫王引发的"，这会被视作无意义的猜测。没有证据反驳它，但这只是出于一个琐碎的理由——根本没有证据能支持或反驳它。[2]

本书关注的是意识科学而非宇宙起源。但是雷德曼和罗斯的意图是他们的观点是普适的，就讨论意识而言，他们认为只有认知科学和神经科学这样的物理科学才能阐明心灵的本质。

当然，对那些不利用脑科学研究意识的哲学家同行，我们在第一章提到过的帕特里夏·丘奇兰德是不会跟他们浪费时间的。用她的话说，这些哲学家们都是懒惰的"否定者"，是科学进步道路上的障碍。她这样描述这些人的方法：

> 不需要设计和维护设备，不需要训练和观察动物，不需要穿行热气蒸腾的丛林和冷酷冰冻的苔原。一直进行否定的最大好处是拥有很多时间打高尔夫球。[3]

抛开这些气势汹汹的话，显而易见的是，我们仅仅通过思考也能获知关于实在的一些事情。举例而言，我不用离开我的扶手椅就知道不存在方的圆。我是怎么知道的？因为方的圆这个概念本身就包含着矛盾，而包含矛盾的事物是不可能的。同样，我不用进行实验就知道，无论宇宙有多么稀奇古怪，都不会存在不是行星的行星，不会有整个儿都是蓝色而又不带一点蓝色的石头。

为什么我们不用起身就能对宇宙得出如此普遍的结论呢？是基于以下最基本的科学规律的最普遍的意义：不矛盾律——任何包含矛盾的假设都是错误的。

这是数学家和逻辑学家赖以求得结论的原理。在数学中，证明一个定理就是要证明它的否定包含着矛盾。哲学家完全可以充分利用这一方法：如果能证明两个对立的哲学假设之一包含着矛盾，那么这个假设就能被排除了。

当然，上述给出的关于实在的理论案例，都是完全自明且毫无争议地矛盾的。如果哲学家要做的无非是证明宇宙不包含方的圆或者事物不可能同时既蓝又非蓝，那他们的方法也太过无用了。很多理论的矛盾是精妙而隐藏的，而揭示这些更为精妙的矛盾可能就需要扶手椅哲学家们的专属技能了。

以时间旅行为例。20 世纪 80 年代经典科幻电影《回到未来》(Back to the Future) 三部曲中，我们会经常看到主人公改变过去的情节。第一部电影中，我们的英雄马蒂·麦克弗莱差一点阻止了父母的会面，结果发现自己的手开始消失，因为过去被"重写"了。续集中，讨厌的邻居比夫偷走了能用来时光旅行的德罗宁汽车回访了年轻的自己，并交给自己一个载有未来 60 年记录的体育年鉴，从而创造了另一种历史，里面的比夫成了百万富翁。

乍看之下，这些情节可能完全说得通。我们知道这些故事不是真实的，但是起码有那么一点儿发生的可能。一个讲述方的圆的电影——如果我们能想象这样一个东西——没法看，但是改变过去情节的电影似乎完全说得通。尽管如此，哲学家们还是普遍认为"改变过去"的这类例子是不自洽的。要理解这一点，我们先来学一些时间哲学（philosophy of time）。

杀掉祖父

时间哲学中有两个主流理论：现在主义和永恒主义。现在主义是一种常识理论，按照现在主义的观点，只有当下时刻存在：过去的事件，比如诺曼于 1066 年征服英格兰已经不复存在，而未来的事件例如人类首次登上火星还没有发生。对现在论者而言，这一天的这一秒非常特别，因为这一刻发生的事情才是唯一真实存在的。

相反，永恒主义认为时间中的所有事件都是同样真实的。想象一下你以上帝视角俯视实在，时间中的所有事件——从大爆炸到宇宙中所有能量都被耗尽的"热寂"——都按序铺陈开来。爱因斯坦告诉我们，以这样的视角来看，时间中将没有特定的时刻来标记"现在"，正如没有特定的地点来标记"这里"。按照永恒主义的观点，"现在"这个词的功能就如"这里"一样，"这里"是指我们在空间中的位置，"现在"仅仅是我们碰巧在时间中的时刻。因此，对一个存在于时间和空间之外的假想生物来说，"现在"和"这里"都毫无意义。

换句话说，永恒论者捍卫的是一种时间平等主义（temporal egalitariansim）。如果你觉得当下时刻有特别之处，那么你就犯了时间沙文主义（chronological chauvinism）或者"时间种族主义"（time racism）的错误：在没有正当理由情况下让自己的时间凌驾于其他时间之上。1066年的诺曼战士的思想、感觉与你的思想、感觉一样真实，火星殖民者的身体摸起来同样健壮结实。我们在时间中所处的位置使我们不能看到未来和过去的事件，但是这并不会让它们变得虚假，仅仅是说它们在他处，更准确说是在他时。

现在我们已经掌握了一些时间哲学的常识，回到时间旅行的主题上来。首先要注意的是，如果现在主义为真，时间旅行就是根本不可能的。按照现在主义，过去和未来绝不存在，你当然不能去到不存在的地方。我为什么不能去《星际迷航》中的瓦肯星呢？因为瓦肯星不存在。同样，如果现在主义为真，我也不能回到1066年。为什么不能呢？因为1066年不存在（尽管和瓦肯星还不太一样，1066年过去曾经存在）。如果现在主义是真的，那么进入时间机器后将目的地设置为过去无异于一项自杀任务：你要去往不存在。

如果想让时间旅行成为可能，我们需要使时间永恒主义为真。过去和现在都应当真实存在我们才能旅行。听起来还不错，而且许多物理学家确实信奉永恒主义，因为尽管永恒主义与常识相悖，但是得到了爱因斯坦狭义相对论的有力支撑（爱因斯坦理论与永恒主义相契合，因为相对论认为没有特定优先的"此刻"）。的确，在永恒主义背景下，时间旅行是完全自洽的。我们再次采用"上帝视角"加以说明，想象所有时间中的事件按序陈列，留意其中一个因果事件——德罗宁汽车以时速88英里飞驰——从1985年穿行到1955年。

永恒主义允许时间旅行的可能性，但是却不允许在时间旅行中改变过去的可能性。所有的时间旅行故事不都包含着改变过去吗？并不见得，回想一下首部《终结者》(Terminator)电影，还有情节复杂惊奇的西班牙电影《超时空犯罪》(Timecrimes)。这些电影都讲述了未来人回访过去的故事，但与《回到未来》不同，上面两部电影没有未来访客改变过去的情节。在《终结者》中，阿诺德·施瓦辛格饰演的赛博格从2029年回到1984年，试图杀害萨拉·康纳，也就是带领人类反抗邪恶机器的救世主的母亲。如果终结者实现了它的野心，那么电影将会有两

个版本的历史:

> 第一版历史,萨拉·康纳 1985 年生育;
> 第二版历史,萨拉·康纳 1984 年死去,也就不会生育。

当你看到两个版本的历史——第二版因时间旅行者的介入被创造——那你就有了被改变的历史。这是我们在《回到未来》中看到的:

> 第一版历史,比夫最后收入平平;
> 第二版历史,比夫最后成了百万富翁。

但这并不是我们在《终结者》中真正看到的。终结者没有成功杀掉萨拉·康纳,而正因为这样,观众没有看到多个版本的历史。

哲学家们一致认为,涉及多个历史版本的时间旅行电影并不自洽。我在上面描述这类电影时,提到了第一版历史和第二版历史(如果有更多的干预历史,版本还会有更多……)。但是如果考虑到时间的永恒性事实,谈论第一版和第二版历史毫无意义。回到我们的上帝视角,俯视时间中的所有事件时,金字塔要么存在要么不存在,比夫要么是百万富翁要么不是。当你俯视所有事件时,谈论"改变"毫无意义。

这里还有一种不用神学隐喻来阐述此观点的方式。要问的一个关键问题是:比夫究竟是在什么时候改变了历史,用一种版本的历史取代了另一版本的历史？是在 1955 年吗？不对，因为在第一版本的历史当中——无论这么说意味着什么——1955 年的比夫并没有被未来的自己拜访。那么是在 1955 年之外的时间？也不对，因为在第二版本的历史当中，正是在 1955 年历史被改写了。我们想要说的是，在第一版本中的 1955 年，老比夫并没有拜访年轻比夫，而在第二版本中则拜访了。但是这里却很难说清楚第一版本和第二版本的真正意思。哲学家擅长的审慎思考揭示，"改变过去"的想法确实说不通。*

有史以来最伟大的哲学家

时间旅行通常是科幻小说的素材。但是在科学史上也有很多案例佐证，哲学家倚在扶手椅上，也能得到关于自然本质的严肃结论。我们在第一章曾讨论过，在科学革命之前，古希腊哲学家亚里士多德的思想主导了宇宙理论。科学革命将这些观点清扫殆尽，例如，哥白尼通过观测证明，亚里士多德关于地球是宇宙中心的观点是错误的。但是我们经常会忽视，伽利略不是通过观测或实验，而是通过哲学思想实验驳倒了亚里士多德物理学中的一个核心观点。[4]

亚里士多德物理学中备受争议的一点是最符合直觉的：重

---

* 一些哲学家构想了另一时间维度——超时间（hypertime）的可能性，以允许多重版本历史的存在，这样一来我们就能在字面意义上将多个 1955 事件延伸至超时间维度中。这当然是一种自洽的可能性，尽管我们可能并没有理由相信这样一个叫做超时间的事物，时间旅行电影制作人们似乎也不相信超时间。更准确地说，目前达成共识的是：在单一时间维度中，改变过去是不自洽的。

的物体要比轻的物体下坠更快。更具体说，亚里士多德认为物体的下落加速度与它的质量成正比。比如，一个重7千克的保龄球的下落速度是一个重500克的足球的下落速度的14倍。

重物要比轻物下落更快的想法非常自然，而且人们在亚里士多德之后的几千年时间里对此信奉不疑。然而这根本不是真的。正如伽利略证明的那样，抛开空气阻力因素等因素，所有下落物体——无论它是轻是重——在落向地面过程中都以同样速率加速。如果我们能够设法消除空气阻力，从很高的地方同时丢下一颗乒乓球、一个足球还有一头大象，那么三样物体将会完全同时落到地面。

传说伽利略是通过从比萨斜塔抛落重物来证明这一点的，但是历史学家怀疑这个实验是否真实发生过。事实上，如果真有过实验，那么由于空气阻力影响三者肯定不会同时掉落到地面上。在1971年的阿波罗15号登月任务中，一个引人注目的实验才证实了伽利略的观点。在登月任务尾声，指挥官大卫·斯科特（David Scott）将一根羽毛和一把锤子扔向月球表面，瞧，在没有空气阻力的情况下，两个物体正好同时坠落到月球表面上。实验证明伽利略是正确的。

然而，这样的实验证明其实毫无必要，因为伽利略已经用思想实验证明了他的观点。伽利略舒服地躺在扶手椅上，就证明了人们相信了几千年的亚里士多德的观点是自相矛盾的因而不可能是真的。如果你此刻同样躺在扶手椅上，我们可以一起进行伽利略的思想实验。

在这一思想实验中，伽利略让我们首先假定亚里士多德是正确的：重的物体要比轻的物体下落更快。现在设想我们从高处扔下两个物体，为了更生动，我们还是以大象和保龄球为例。伽利略另外附加了一个关键细节：在丢落大象和保龄球之前，我们把它们拴在一起。

现在提出这样的问题：大象会比它没有被拴在保龄球上下落得更快吗？换句话说，大象拴上保龄球后会掉落得更快还是更慢？

伽利略的天才之处在于，他仅仅通过纯粹理性反思就认识到，这个问题（按照亚里士多德的物理学）有两个彼此矛盾的答案。

答案 A：拴上保龄球使得大象掉落更慢

考虑到保龄球比大象轻很多，下降得比大象慢很多，这样二者之间的绳索会绷紧，也就使得大象下降速度会慢一些。因此，大象此时会比没有拴保龄球时要慢一些。保龄球在这里就相当于大象的降落伞。

答案 B：拴上保龄球使得大象掉落更快

考虑到保龄球和大象连在一起，我们可以把它们看作一个由大象、保龄球、绳索连成整体的一个物体。而这一整体的质量是大象、保龄球和绳索的质量之和。所以很明显，这个整体的质量要大于大象自身的质量。由此可以推断，将大象作为一个部分包括在内的组合物体（大象 + 保龄球 + 链条）要比大象单独掉落得更快。

——

答案 A 和答案 B 都遵循了亚里士多德的常识假设，也就是重的物体要比轻的物体掉落更快。但是答案 A 和答案 B 却是互相矛盾的，按照不矛盾律，二者不能同时为真。只要我们假定物体的质量会影响其下落速度，我们就会遇到这样的矛盾。解决这种矛盾的唯一方法就是假设所有物体——不管它们质量多大——都以完全相同的速度掉落地面。像伽利略一样，我们通过纯粹理性就知道其为真。

在伽利略生活的时代，科学和哲学还没有分家。正是他作为一名哲学家运用哲学方法驳斥了亚里士多德物理学中一个至关重要的观点。这里有一个巨大的讽刺。人们常说科学革命以及随后的巨大进步，使得哲学已经无法再作为理解自然世界的工具。然而，这位科学革命之父实际上却是确证了哲学方法的伟人。只有为数不多的哲学家提出的论点让所有人都毫无异议，伽利略是其中之一，借助这一论证，他改变了我们对物理世界的理解。

成为一只蝙蝠是什么感觉？

讨论了方的圆、时间旅行和亚里士多德物理学，我们已离题太久。而兜这么大圈子就是为了让读者们明白，哲学在探索实在过程中扮演了相当重要的角色。如果哲学家能够说明，某一关于实在的假说包含着精妙的矛盾（就如我们在改变过去、重物下落更快假设中看到的那样），那么他就能证明所讨论的假设不可能是正确的。我将采用同样的方法来驳斥物理主义。我的主要论点是，物理主义不可能是正确的，就如同不存在方的圆和时空穿越弑父行为一样：意识的物理主义包含着矛盾。

关于意识，我们知道以下两点：

· 意识包含性质（qualities）：红色体验的红，痛痒的感觉，品尝巧克力的浓郁味道。

· 意识是主观的，关于给定意识状态的知识包含着采取特定的视角，即拥有那个意识状态的人的视角。

在第一章中，我们着重探讨了意识的第一类特征，现在我们要讨论一下第二类特征。

物理学致力用完全客观的语言来描述世界，这样一来任何人无论他的生活阅历怎样都能理解这种描述。到访的外星人可能拥有截然不同的感官，因而无法领会欣赏我们的艺术和音乐。但如果它们足够聪明能理解数学的话，那它们就能领会我们的物理学。物理学致力于寻求哲学家托马斯·内格尔（Thomas Nagel）所谓"本然的观点"[5]。

意识不能从本然的观点得到理解。成为有意识的就是要采取一种特定视角，因此特定有机体的意识生活只能在采取该有机体的视角时得到理解。内格尔在其开创性论文《成为一只蝙蝠是什么感觉？》中认为，无论我们学习了多少关于蝙蝠的生物学和神经生理学知识，我们永远都无法理解它的意识。最根本的界限来源于我们不能采取它的视角，即在环境中以回声定位。关于蝙蝠，永远有我们不能够领会的东西，也就是成为一只蝙蝠是什么感觉。

在20世纪90年代的一部邪典电影《成为约翰·马尔科维奇》(Being John Malkovich)中，剧中角色在一座废弃办公楼中发现一扇小门，门后是一条小隧道。角色们挤进隧道沿路往前爬，慢慢发现自己的速度越来越快……直到突然发现，他们正在经历成为演员约翰·马尔科维奇的真实生活是什么感觉：用他的眼睛去看，用他的耳朵去听。换句话说，这条隧道神奇地让演员们拥有了约翰·马尔科维奇的意识视角。我们能够想象一个类似叫做《成为一条狗》的电影。演员们爬行在隧道中去理解成为一条狗是什么感觉，虽然我们采取狗视角的能力有局限（到处嗅探来找路是什么感觉？）。但是可能没有一个导演知道如何制作一部《成为一只蝙蝠》的类似电影。人与蝙蝠之间的完全不可通约性意味着，我们根本不知道成为一只蝙蝠是什么感觉。

所有这些与物理主义能否自洽有什么关系呢？毕竟，我们不能采取蝙蝠视角的原因是人类与蝙蝠相比拥有截然不同的物理本质。也许在未来，盲人可以通过手术在体内安装上精妙的声呐，能够用回声来定位道路。以这样的方式改变物理本质，盲人也许能发现成为一只蝙蝠是什么感觉。这一切不都表明意识能够借助生物学中的物理事实得到解释吗？

这是个不错的论点。迄今我做的都是尝试描绘意识的两个根本特征：定性的（意识包含着性质）与主观的（你只有采取了我的视角才能领会我的意识）。物理主义的难题在于，它的概念资源并不能胜任描绘这些意识特征的任务。物理科学尝试给出的是对于实在的纯粹客观描述，是任何人不管他视角如何都能领会的描述。要说我们可以通过这种方法详尽地描述实在，就等于说实在不存在主观的属性，也就是说，实在没有那些只有采取特定视角才能领会的特征。相反，如果说实在包含主观属性——根据定义这些属性只能从特定视角出发得到理解——我们就不能用纯粹客观的术语详尽地描述实在。如果一个物理主义者既宣称物理科学的客观词汇能够详尽地描述实在，又认为存在主观属性，那显然是自相矛盾。

同样地，物理科学尝试对实在进行纯粹定量的描述，一种只包含数学术语的描述。但是，"二""除法函数"这样的数学概念与"黄""酸"这样的定性概念截然不同，后者无法通过前者得到定义。要说实在能够被纯粹定量的术语详尽描述就是说不存在定性的属性。相反，说存在定性的属性就是说存在不能够被纯粹数学术语捕获的实在特征。物理主义者宣称实在能够完全被物理科学的定量语言捕获，同时认为意识拥有丰富的性质，这是自相矛盾的。

伽利略用思想实验证明了亚里士多德物理学不自洽。当代哲学家设想出许多思想实验来证明物理主义的不自洽。下一节我们来讨论其中最为闻名遐迩的一个：黑白玛丽。

黑白玛丽的故事

黑白玛丽已经成为西方哲学中最著名的虚构人物之一。作家大卫·洛奇（David Lodge）在他的小说《想……》（*Thinks...*）

中用整整一章来即兴发挥玛丽的故事。哲学家们肯定也无法从脑海中抹去她。人们对玛丽是如此着魔，以至于献给这个思想实验的文章可以集结成一部论文集，叫做《关于玛丽的一些事》[6]。

我们将要讨论的这一思想实验被用于称作"知识论证"（the knowledge argument）的哲学论证。知识论证的目的是证明物理科学所提供的关于意识的知识必然是不完备的，总会遗漏掉某些东西。这一论证方式并不新颖。17世纪的天才数学家和哲学家戈特弗里德·威廉·莱布尼茨就曾提出一种知识论证，牛顿很讨厌他，因为他与牛顿同时期发现了微积分。

莱布尼茨用他本人有趣的思想实验提出了一个版本的知识论证。莱布尼茨设想，我们能够用某种方式成倍增大人脑尺寸，大到我们能够像"进入磨坊"一样进入它。无论我们在这个巨大人脑中怎样四处游荡，检查他的工作状况，我们能够发现的只有"相互推挤的零件，但是永远不会是能用来解释知觉（莱布尼茨说的知觉就是意识经验）的事物"。[7]莱布尼茨得出结论，从机械知识中我们永远不会获得关于意识心灵的知识。

莱布尼茨的思想实验有启发性，但还远远不能令人信服。它仅仅是生动呈现了一种直觉，即单纯的机械运作堆叠永远不能产生意识，但是并没有针对这一论断给出论证。此外，如果有一种意识的神经科学解释，很可能它描绘的是人脑的整体特征，如连接或预测处理，不是通过孤立检视人脑某一小部分就能理解的。我们需要的思想实验是那种能够证明以下论点的：无论我们从神经科学材料中搜集到什么信息，单靠它不能充分解释意识。

这就是我们在当代最著名版本的知识论证中发现的，它归功于澳大利亚哲学家弗兰克·杰克逊（Frank Jackson）。他在1982年的一篇论文中提出了他的论证，随后不计其数的文章和专著对此进行了讨论。[8] 物理主义者确信其中有什么东西有问题，但他们对具体是什么却没有共识。讽刺地是，尽管杰克逊本人提出了最著名的反物理主义论证，他后来却对自己的论证失去了信心，在随后的二十年间一直都是坚定的物理主义者。

我们从这个思想实验开始，然后再看看它理应呈现给我们什么。

黑白玛丽思想实验

玛丽是一位天才脑科学家。但是某种未知原因使得她终生都只能待在黑白两色的屋子中，因此除了黑色、白色和不同度的灰色，她没有见过任何颜色。

尽管有这样的限制，玛丽还是通过黑白电视中的课程来学习神经科学。玛丽渐渐知道颜色体验中涉及的所有物理事实。玛丽能准确知道例如一个人看到红色番茄时，这个人的身体和人脑发生了什么。她知道进入视网膜的光波长，知道眼睛中感觉细胞（视锥细胞和视杆细胞）的变化，知道这些信息如何传递到人脑中不同区域，以及最终会如何引起多种行为反应，例如伸手去拿番茄。换句话说，玛丽在自己没有实际看到任何颜色（除了黑灰白）的情况下，学到了神经科学告诉我们的关于颜色体验的一切。

故事结局还不错。有一天玛丽从黑白屋中被放了出来，有生以来第一次体验到多彩的世界。我们可以想象，当她踏进这个世界，看到了黑白屋门口结满闪亮黄色柠檬的柠檬树。用杰克逊（准确来讲，是还认可自己论证时的杰克逊）的话来说，玛丽在这一刻学到了一些新东西，也就是拥有黄色体验是一种什么感觉。

———

这个奇怪寓言理应表明什么呢？为什么有人认为它证明物理主义是错误的？尽管这个故事简单好记，但是其中的论点却有些隐晦，也常常被人误解。我遇到的一些哲学家认为这个论证应该被这样理解：

> 如果物理主义是正确的，那么任何充分了解神经科学的人都能体验颜色。

玛丽了解所有相关的神经科学，但是却不能够体验颜色。因此，物理主义是错误的。

这显然是一个糟糕的论证。没有人会认为学习了关于黑洞的物理学就能在你身体内部创造一个黑洞。那为什么我们能假定学习了关于颜色经验的神经科学就能在你内心中创造出颜色体验呢？事实上，我们不应该按照上述方式解读这个论证。

顾名思义，这个论证的焦点是*知识*。还是继续我们的类比，想象一下我们已经拥有了关于黑洞的完备终极理论。虽然我们不指望学了这个理论就能把你变成黑洞，但我们希望，掌握这个理论能让你完全知晓黑洞的本质。

记住这个例子，我们回到玛丽的故事。根据这个故事的设定，黑白屋中的玛丽知晓关于颜色经验的所有物理科学知识。如果物理主义是正确的，神经科学就能给予我们一个完整的理论，它可以解释颜色经验的本质；那么被释放前的玛丽也就学到了关于颜色经验的完备终极理论。因而她应该知道颜色经验的所有基本特征，就像拥有黑洞完备终极理论的人应该知晓所有关于黑洞的基本特征。然而，当玛丽离开黑白屋后，她学到了颜色经验的一些新的基本特征：她学到了拥有颜色经验是什么感觉。由此可见，颜色经验的神经科学理论必然是不完备的：

论证如下：

知识论证

如果物理主义是正确的，那么黑白屋中的玛丽就拥有关于颜色经验的完备终极理论。

如果黑白屋中的玛丽拥有关于颜色经验的完备终极理论，那么她就不可能学到颜色经验的新的基本特征。

然而，玛丽在离开黑白屋之后，她的确学到了颜色经验的新的基本特征：她学到了拥有颜色经验是什么感觉。

因此，黑白屋中的玛丽不可能拥有关于颜色经验的完备终极理论，物理主义是错误的。

如果神经科学不能给我们颜色经验的完备理论，那它究竟遗漏了什么？它遗漏了颜色经验中的主观性质，这类我们在观察颜色时直接意识到的性质。当我们经验到黄色时，我们会直接意识到定义它的黄色性质。如果神经科学对人脑的描述可以完全描述这种性质，那么黑白屋中的玛丽就能通过学习相关的神经科学来了解拥有黄色经验是什么感觉。但这是荒谬的，无论玛丽学到了多少神经科学，她永远不会了解拥有颜色经验是什么感觉，除非她真的拥有了颜色经验。* 当她被困在黑白屋中时，玛丽不能领会（黑白灰以外的）颜色性质，因而她关于颜色经验的知识必然是不完备的。

神经科学表达力的局限，意味着它在相应的解释力上存在

---

* 我是自相矛盾了吗？之前我说过，知识论证并不蕴含这一主张："如果物理主义是正确的，那么任何充分了解神经科学的人都能够体验颜色。"而我现在要说的是，如果物理主义是正确的，那么"玛丽……就能通过学习相关的神经科学来了解拥有黄色经验是什么感觉"，这只有在了解了相关的神经科学使你真正拥有黄色经验时才成立。事实上这里并不矛盾。关键是，如果物理主义是正确的，你仅靠阅读神经科学就可以知道看见黄色是什么感觉，而不需要实际看见黄色。但当然，你不可能仅仅通过阅读神经科学而不是实际看见黄色就知道那是什么感觉；因此，物理主义是错误的。

局限。因为如果神经科学理论能够解释主观性质，也就意味着能够讨论它们。这样的理论将会从一个完整的描述开始，比如说，完整描述黄色经验的黄，然后从人脑中更为基本的物理过程来解释它。但是神经科学的语言根本无法描述主观性质，它不能描述它们也就无法解释它们。

杰克逊的独特构想集中在色彩经验这类生动的事例上，但是我们可以对其他形式的主观经验涉及的性质也作类似论证。我们也许能想象一个失聪科学家知晓关于音乐体验的神经科学，或者某位从未尝过马麦酱的人知晓人们品尝它时人脑会如何运作。在每一种情况下，物理科学的纯粹定量词汇都不能传递相关经验中主观性质的特征。伽利略并不相信物理科学的纯粹定量语言能捕获我们在经验中发现的性质。知识论证证明，伽利略毕竟是正确的。

蓝香蕉与黄番茄

丹尼尔·丹尼特（Daniel Dennett）是物理主义哲学家中最激进和强硬的一位，他是"四骑士"之一——其他三位是理查德·道金斯（Richard Dawkins）、萨姆·哈里斯（Sam Harris），还有已故的克里斯托弗·希钦斯（Christopher Hitchens）——丹尼特是无神论和物理主义的坚定捍卫者。*他还有着壮实的身躯和浓密的胡须，让世界各地的二元论者胆战心惊。

---

* 尽管无神论和物理主义有着文化上的联系，但它们并非携手并进。萨姆·哈里斯就严肃看待意识问题，并且对泛心论作为一种解决方案持开放态度。

众多科学家和哲学家认为意识问题在于研究人脑如何产生意识的内在主观世界。丹尼特对此不屑一顾，认为这种说法就像是研究另一种形而上学：J.K. 罗琳小说中的文字如何产生了霍格沃茨中的实在。在丹尼特看来，意识是人脑处理信息过程中被臆想出来的，人脑让我们误以为存在一个魔法般的内心世界，正如魔术师让我们误以为他把一位女士拦腰锯开了。丹尼特的畅销书《意识的解释》（Consciousness Explained）现在已经有一个老哏：书名原本应该叫《意识不需要解释》（Consciousness Explained Away）才对。

我和丹尼特曾在北冰洋上的一艘高桅游艇上渡过一个星期。那是一次海上会议，由意识研究中心（Center for Consciousness Studies）的投资人和联合创始人德米特里·沃尔科夫（Dmitry Volkov）资助进行。12 位哲学家和来自莫斯科大学的 6 位研究生在 7 天 7 夜时间里在格陵兰岛的冰层之间穿梭，与意识和自由意志等话题搏斗，观察鲸鱼，并在沿途无人定居的岛屿上徒步。大多数哲学家像丹尼特一样，认为意识在某种程度上是一种幻象。但是为了平衡论辩，一个正式的反对派被邀请上船，也就是我本人和两位二元论者：大卫·查默斯和马蒂娜·尼达－吕梅林。现在我能告诉你，尽管我认为我们已经尽力而为，但在讨论中还是举步维艰。

正是在这艘船上，我取得了我最为引以为傲的哲学成就之一：我成功让丹尼特承认他是错的。当然不是在所有方面，哲学家们很少被说服放弃他们的整体世界观——而是关于这场辩论中一个相当重要的方面。在上一章中，我们讨论过二元论面临的挑战是如何解释非物质心灵和物质人脑之间的因果交互。丹尼特与丘奇兰德夫妇（第一章讨论过，他们当时也在这艘船上）认为这样的交互已被能量守恒原理（孤立的物理系统中的能量既不能被创造也不能被摧毁）排除。[9]他们的推理如下：如果非物质的心灵作用于人脑，那就会附加一些之前并不存在的能量给人脑，因而违背了物质宇宙中能量总是恒定于同一水平的原则。

在保罗·丘奇兰德演讲后的问答环节中，我认为这并不能构成对二元论的有效反驳，因为二元论者可以前后连贯地坚持，他们的心理–物理定律（上一章讨论过）同样遵循能量守恒原理。毕竟，根据我们目前最先进的科学，自然有很多定律，而它们一起运转都遵循能量守恒原理。似乎没有理由认为我们不能再增添一些同样遵守能量守恒原理的定律，也没有理由认为新增的这些不能是心理–物理定律。

我没有预料到自己的评论引起的反应。俄罗斯研究生安东·库兹涅佐夫（Anton Kuznetsov）后来对我说，其他哲学家马上调转矛头指向我，"他们就像……（他向朋友们请教了正确的英文短语）他们如狼似虎！"帕特里夏·丘奇兰德惊叹道："这么说来你基本上是相信魔法喽！"我澄清说我自己实际上并不赞同二元论，同样也是因为解释心身交互上存在很大困难，我只是从技术层面上指出，二元论面临的重大挑战与能量守恒没什么关系。

在问答环节上我并没有深入下去，那晚其他人乘小船去一个小岛探险，丹尼特和我则待在船上。我们坐在甲板上，丹尼特正在雕刻一根手杖，我将问题继续推进，试图找到一个具体的论点来说明能量守恒定律与二元论是前后连贯的，最后丹尼特不情愿地承认道："可能你是对的吧。"

尽管丹尼特在反对二元论的问题上作出了小小让步，但是他毕竟不会支持二元论。与他的物理主义同道帕特里夏·丘奇兰德一样，丹尼特没工夫进行思想实验，除非这些思想实验旨在揭穿混淆的、过度简化的直觉，他认为正是这类直觉驱动了大多数哲学理论。你可以想象，丹尼特还没打算从"黑白玛丽"这个牵强故事中吸取什么关于意识的教训。虽然多数物理主义者不情愿地承认知识论证有一定效力，丹尼特却断然否认其核心主张：黑白屋中的玛丽无法理解看见黄色是什么感觉，他的观点如下：

> 显然，在该故事任何可设想的现实版本中，（当她离开黑白屋时）玛丽都会学到一些新东西，但是在任何可设想现实版本中，她可能的确拥有很多知识，但不会是全部物理知识。仅仅假定玛丽知道很多，并不意味着她拥有"全部物理性信息"，正如假定她非常富有，并不意味着她拥有所有事物。[10]

丹尼特的回答起初看来很有说服力。他刻意利用了知晓"所有物理性事实"的极端不可能性，这些事实可以小到每个场或者粒子的细枝末节，推测从这种难以想象的知识状态下会发生什么并不容易，他鼓励读者亲自一试，从而发觉其中的愚蠢。尽管杰克逊是如此设定的，但事实上人们不需要假定玛丽知道所有物理性知识，这不影响该论证成立。

在物理主义世界图景中，物理科学形成了一个层级制度，其中更高层级的科学，如神经科学和细胞生物学，可以由更基本的科学如化学、物理学进行解释。如果物理主义是正确的，那么是神经科学而非基础物理学将解释人类心灵的事实；基础物理学将成为意识的最终基础，这么说是因为组成经验的电化学过程最终是由实体构成的，而描述这些实体的是物理学。但基础物理学的事实与对人类意识的直接解释并不相关。

因而，我们不需要去想象玛丽知晓所有物理事实，甚至要详细到上夸克和下夸克的数量——这其实是幸运的，因为没有人能处理所有这些信息！——我们只需要想象她拥有由完备的终极神经科学所提供的关于颜色经验的充足知识。如果理解了这一点，玛丽思想实验就不那么牵强了，认为我们能够对玛丽知晓什么形成判断就不显得那么奇怪了。我们想象的不过是，玛丽拥有当代神经科学家可以获得的同等信息。

事实上我们可以提出知识论证的要点，而不去纠缠任何想象场景。知识论证运作真正需要的是以下前提：

> 关键前提——先天失明的人无法通过阅读神经科学（盲文）来知晓拥有黄色经验是什么感觉。

这是一个极其合理的前提。无论一个先天失明的神经科学家对人脑运转的了解有多少，她终将无法领会黄色经验中的黄。

事实上，我们能通过反思真实生活中的案例支持这一前提。在这个情境中，也许最有趣的是克努特·努德比（Knut Nordby）关于知识论证的一篇文章，他几乎是现实生活中最接近玛丽情况的人。努德比是色觉方面的专家，但他患有全色盲：这是一种罕见的疾病，由于视网膜锥细胞缺失，无法感知黑白灰以外的颜色。某种意义上说，努德比一生都在黑白屋中度过。他对玛丽主题的思考很有意思：

> 全色盲患者能知道什么是颜色体验吗？多数全色盲患者认为颜色是物体表面一些奇怪的特性，对这些人而言，这些特性与表面的亮度有关……为了应付能识别颜色者构成的世界并避免尴尬，多数全色盲患者会自学日常事务的颜色和一些颜色的文化"意义"（例如，红色代表危险，绿色代表畅通，蓝色代表悲伤）。
>
> ……我尝试将颜色体验的特殊性质形象化的方法是，将颜色比作类似音调的音乐性质，或者说色度（chroma）。颜色有明度和色相的性质，而音调则有响度、音高、音色和色度……虽说"色度隐喻"只能作为一种抽象的思想练习来传达一种特殊的感觉性质，但它永远不能描绘真实的颜色经验。颜色就像音调和味道一样，属于第一手的感觉经验，一个人获得再多的理论知识也无法创造出这种经验。[11]

很明显，努德比认为，颜色经验的一些本质特征在他那里是缺失的。通过与声音相比较，在描绘颜色经验的性质方面他能够形成某种抽象的模板，但他却无法填充这一模板。他无法领会这一主观性质本身。虽然他没有完全赞同知识论证的反物理主义结论，但他承认以下几点：

> 在她 21 岁生日被释放到充满颜色的世界中时，她将能体验到色相并用她掌握的知识识别它们吗？
>
> 我认为玛丽能够感知并辨别色相，但是她无法基于她的那些知识叫出颜色的名字。[12]

面对这些，丹尼特毫不退让。他调侃地为玛丽的故事想象出了自己版本的结局：

> 终于有一天，玛丽的绑架者决定是时候给她些颜色看看了。他们耍了个花招，准备了一根亮蓝色的香蕉，作为她有生以来的第一次颜色体验。玛丽看了一眼说道："休想骗我！香蕉是黄色的，但它是蓝色的。"绑架她的人目瞪口呆——她是怎么做到的？"很简单，"玛丽说道："你应该记得，关于色觉的物理因果，我知道**一切**。在你把香蕉带来之前，我已经详细记下了黄色、蓝色或者无论什么其他颜色会对我神经系统留下的物理印象。所以我已经准确知道了我会有什么**想法**……我对自己会有的蓝色经验毫不惊讶（惊讶的是你们居然玩弄这么低劣的把戏）。当然我知道，很难想象我对自己的反馈配置如此了然，以至于

> 我毫不惊讶于蓝色作用于我的方式。你肯定很难想象。不过任何人都很难想象对万事万物的全部物理知识都了如指掌的厉害！"[13]

丹尼特再一次刻意利用了知晓人脑中发生的全部物理过程之艰巨。但正如我们之前所说，知识论证并不需要通过这样的方式建立。我们需要想象的是玛丽拥有以下方面的应用知识：作为颜色经验基础的物理机制；目前我们还未掌握所有细节，但是已取得了可观的进展，对这些机制的完备描述很有可能只是现有机制的非革命性拓展。我们已有的神经科学还完全不能让努德比这样的色盲科学家领会颜色经验的性质，而且这个正在进行的项目如果最终完成，很大程度上也不会在这一方面有实质性突破。努德比已经知道很多颜色经验背后的机制，但是对于黄色经验中的黄是什么仍一无所知。为什么我们会认为，在神经科学的图景上增添一些细节，会一下子就让努德比打个响指说："啊哈！原来这就是拥有黄色经验的感觉！"

（还有更微妙的一点：注意，在丹尼特的故事里，玛丽了解物体的颜色方法是，厘清当她有不同颜色经验时她会有什么想法。但如果物理主义是正确的，要理解拥有黄色经验是什么感觉，玛丽应该只需要反思黄色经验背后的神经过程。但就连丹尼特也没有明确赞同这种荒谬的物理主义含意。）

事实上，丹尼特并非真正去捍卫"玛丽将有能力理解看到黄色是什么感觉"的观点，他只是想要削弱对手"玛丽不会有这种能力"的主张：

你能证明吗？我想要说的，并不是我为玛丽故事写的结局证明她什么都没有学到，而是说通常想象这个故事的方式并不能证明她有学到什么。

——

科学和哲学很少能做到百分之百证明某事。我们不能百分之百肯定我们不是身处黑客帝国的母体中，被邪恶的计算机灌输着虚拟现实。正如伯特兰·罗素（Betrand Russell）曾指出，我们不能证明世界不是在 5 分钟前自发形成的，从一开始我们的记忆暗示的历史就从未发生。这些例子表明，我们不应该要求确定性，而应该要求有证据合理支持的信念。

在理解颜色经验背后的机制方面，神经科学取得了重大进展，但在"拥有颜色体验是什么感觉"的问题上，神经科学仍无法为色盲提供任何洞见，而且也没有任何理由认为增补更多细节就能改变这种状况。*在此基础上，知识论证的支持者可以满怀信心地相信该论证的关键前提：神经科学无法教会盲人和色盲拥有颜色经验是什么感觉。我们永远不知道未来会发什么，但正如物理学家沃尔夫冈·泡利（Wolfgang Pauli）提醒的那样，科学工作不能"援引未来"。换句话说，我们只能从现有的证据出发，而我们现有的证据强烈表明，知识论证的关键

---

* 当然，第三人称的科学能够记录经验的结构性特征，诸如明度、色相、纯度等共性。这类信息能让努德比把握颜色经验的结构。第三人称科学不能传达的主观性质使得他无法领悟这些结构性特征。

前提是正确的。丹尼特在这里玩弄双重标准：刻意增加反物理主义的举证责任，以符合一个荒谬的高标准，但即使是我们目前最好的科学也做不到。

许多哲学家和科学家的假设是，物理主义的真理极可能为真：考虑到其他选项更不适当，最好接受物理主义中一些不适当的后果。但正如我们在第一章中看到的那样，接受物理主义的主要动机来自对科学史的错误观念。人们认为，物理科学的丰功伟绩给了我们压倒性的理由去接受物理主义作为必然为真的意识科学（如同物理主义在其他方面一样）。事实上，物理科学之所以如此成功，正是因为从伽利略开始，将定性问题放在一边，专注于定量问题。物理科学将意识搁置一旁后做得很好，这没有理由让我们认为，当他们将定量方法应用于意识本身时会同样成绩斐然。

僵尸对心灵科学的威胁

在这一章和上一章的开头，我们盯着你的至交苏珊的脑袋，想知道里面是否潜藏着不可见的非物质心灵。在缺乏支持性证据的情况下，物理主义者倾向于拒斥那些无法看到或者无法被感官察知的东西。但这种对观测证据的合理需求，可能在面对意识时遇到麻烦，因为意识本身是不可观测的。我知道我是有意识的，因为我能直接觉察到自己的感觉和经验。但是当我盯着苏珊的复杂运转中的脑袋时，我怎么知道她是有意识的？

即使承认不能直接察知苏珊脑袋中的意识，你可能也会认为意识会在她的行为中表现出来。回想一下你和苏珊上回的聊天，可能她笑着划过手机里的照片，告诉你她最近的假期多愉快。她的笑容肯定表明她很快乐吧？或者她告诉你她的宠物蜥蜴尼格尔死掉了，当她讲述这个悲伤的消息时，她情绪波动很大。苏珊的眼泪也是她感到悲伤的有力证据吧？

这种由行为到意识的推断在日常生活中再常见不过。但是这种推理究竟坚实可靠吗？如果物理主义是正确的，那么苏珊的宏观行为最终是由组成她的夸克和电子决定的，其行为符合物理学基本定律。她的行为会保持不变——真的笑、真的哭——无论是否有意识。那你如何排除这样一种可能性：苏珊只是一具复杂的机械装置，表现得她好像有感受经验一样？

这里先介绍一些哲学行话，我们现在讨论的问题是如何判断苏珊是不是僵尸。"僵尸"是一个哲学术语，是某种虚构的生物。我们要把哲学僵尸跟好莱坞僵尸明确区分开，这点很要紧。如果苏珊是一具好莱坞僵尸，那她看起来是这样的：

而如果苏珊是一具哲学僵尸，她看起来应该是这样的：

换句话说，哲学僵尸看起来就跟普通男女一样。它们不会四处游荡，僵直双臂，以啃食活人为生。哲学僵尸言谈举止和正常人毫无二致。而哲学僵尸之所以表现得像普通人，是因为在身体、人脑的运作方面它们无法与普通人区分开。

但是有一个关键差异：按照定义来说，一具哲学僵尸是没有意识的。如果你拿刀捅哲学僵尸，它会大声尖叫并尝试逃跑，但它感觉不到疼痛。过马路时，僵尸也会观察两侧，等车流减少下来再小心翼翼过去，但它对道路周围没有任何视觉和听觉经验。哲学僵尸不过是一具复杂的机械装置，被设定成如同正常人一样行事。[14]

那你怎么可能知道苏珊是不是僵尸呢？按照僵尸的定义，如果她是一具僵尸，她的行为不会有任何变化。这是一个哲学上的挑战，被称为他心问题"（the problem of other minds）。考虑僵尸的一个目的是，它有助于生动地呈现他心问题。

从历史上看，解决他心问题的流行方式是通过类比论证。就我自己的情况来说，我知道我特定的物理状态与我特定的意识经验相关（或者至少原则上我可以通过调整自己的脑、留意我的体验来发现这一点）。于是我可以作如下推论：他人脑中有类似的事情发生，很有可能他们会有与我类似的经验。这一策略依赖于从我的情况推广到所有其他人的情况。而一旦点明，它似乎并不是一种完全可靠的推论：知道某事在某一情况下成立，并不能推断它在所有情况下都成立。假定我只见过一只白天鹅，我并不能据此推断所有天鹅都是白的。我们需要知道的是，我的情况在人类整体中是否有典型性。但是如果我们知道了这一点，一开始就不会有他心问题了。

哲学中充斥着这样的怀疑论：我们如何知道外部世界存在？我们如何知道未来会和过去相似？我如何知道我的记忆是可靠的？尽管哲学家做了最大努力，但他们中似乎无一人能找到解决办法。哲学家们迄今甚至都没能成功证明外部世界存在，康德认为这事真是一桩丑闻。我个人并没有那么困扰于哲学家们的怀疑论。我倾向于认为，有一些东西是我们必须当做基本原则接受的，哪怕只是因为我们需要继续生活下去。* 他人也有意识这个事情，可能就是其中之一。

然而哲学对僵尸的兴趣并不止步于此。你不能完全排除苏珊是僵尸，这一事实本身展现了一些有趣的东西。（提醒：接

---

* 约翰·洛克可能对此进行了完美的描述，他说道："他在日常生活事务中只会承认直接的、清晰的证明，对世界上的事物毫不确定，除了事物很快就会消亡这一点。"（*An Essay Concerning Human Understanding*, book IV, chapter XI）换句话说，哲学家的怀疑论下的生活根本不可能过。

下来事情会变得有些复杂。如果你已被说服，相信物理科学不能解释意识，不想纠缠于复杂的逻辑证明细节，可以直接跳到下一节。）这表明，与苏珊具有相同物理本质的事物可以不具备主观内在生活这一观念并无矛盾之处。如果苏珊在**身体和脑**方面的特定事实，与她是一具僵尸这一事实有相悖的地方，那么你可以据此证明苏珊并非僵尸。正是他心问题的存在蕴含着，僵尸在逻辑上是可能的——僵尸这一观念并没有什么前后不一致或不自洽的地方。

我们可以把这个论证表达如下：

僵尸之逻辑可能性的论证

如果僵尸在逻辑上是不可能的，我就能证明苏珊不是一具僵尸。

我不能证明苏珊不是僵尸。

因此，僵尸在逻辑上是可能的。

为了预防潜在的误会，有必要澄清，我当然不是说你能够合理地认为苏珊就是僵尸。我们当然会假定行为方式与我们类似的生物也具有与我们类似的意识，这完全合理，哪怕理由是屈从于哲学家的怀疑论的人生没法儿过。上面的所有论证展示的只是，僵尸在逻辑上是可能的。

让我们说得更清楚些，试以会飞的猪和方的圆进行对比。两者都不存在。但是会飞的猪之于方的圆还是有一点优势，至少它在逻辑上是可能的：会飞的猪这一观念并无矛盾之处。我们当然知道不存在会飞的猪，也许在整个宇宙中都不存在。但是如果情形稍有不同，如果引力稍弱一些，猪进化出翅膀，可能猪就能在天空中翱翔。相比较下，无论我们的宇宙多么离奇古怪，也不会存在方的圆。因为方的圆这个观念本身就是矛盾的。

他心问题的不可解所表明的是，哲学僵尸更像是会飞的猪问题而不是方的圆问题。没有人认为哲学僵尸存在，如同没有人会认为会飞的猪存在一样。但是僵尸的概念并无矛盾之处，因此我们的宇宙如果稍有不同，或者自然定律有所改变，那么我们的星球上就会僵尸横行。

你可能仍不为所动。谁在乎什么是可能的？所有的事情都是可能的——毕竟，无数天使在针尖上跳舞的观念也不矛盾——而我们多数人关心的是什么是真实的。这里有一些非常重要的东西。正如伽利略的思想实验证明了亚里士多德物理学核心要点中的矛盾，而哲学僵尸证明了物理主义中的矛盾。它能从逻辑上证明，如果僵尸是可能的——并非真实，仅仅是逻辑上可能——那么物理主义不可能是真的。

这是怎么回事呢？一个仅仅是关于可能性的论述蕴含着关于真实世界的信息？这个论点是基于一个几乎被所有哲学家和逻辑学家普遍认可的逻辑原则：

> 同一性原则——如果 X 和 Y 是等同的，那么在逻辑上不可能只有 X 存在而 Y 不存在（反之亦然）。[*]

---

[*] 学院派哲学家可能会担心我没有区分逻辑可能性和所谓更宽泛的形而上学可能性。我在我的学术著作《意识与基本实在》（还有我的短篇论文 Essentialist Modal Rationalism,

我们通过查尔斯·道奇森（Charles Dodgson）的例子来看看同一性原则的运用。

查尔斯·道奇森是19世纪牛津大学的一位逻辑学家。但你可能已通过另外一个名字认识他了：刘易斯·卡罗尔（Lewis Carroll），《爱丽丝梦游仙境》（Alice's Adventures in Wonderland）和《爱丽丝镜中奇遇记》（Alice Through the Looking-Glass）的作者。同一性原则告诉我们，因为查尔斯·道奇森和刘易斯·卡罗尔相等同，他们不可能分别存在。你不能让道奇森待在一个房间而让卡罗尔待在另一个房间。为什么不能呢？因为这里没有两个人可以被分开：查尔斯·道奇森和刘易斯·卡罗尔就是同一个人。就连全能存在者也无法将查尔斯·道奇森和刘易斯·卡罗尔分开。*

这和物理主义有什么关系呢？我很容易在社交场合中感到烦躁，所以我常常试着和离我最近的那个人进行哲学讨论。有

（接上页注）

它正是基于前书写作的）中详细论述过，当你对所构想物有充分理解时，形而上学可能性就是逻辑可能性。我在专业性附录A中提及了这里的讨论如何与学术文献中更广泛的讨论相关（特别见第95页脚注）。为了不抬高文本的门槛，我在这里没有完整呈现技术细节，还请见谅。但是为避免另一重疑虑，这里先说明：我在这里当然假设，同一性陈述里使用的措辞是严格指示词（rigid designators，编者按：一个严格指示词在所有逻辑可能的世界里都指称同一对象，见下一条脚注）。

* 当然也有可能是别人写了《爱丽丝梦游仙境》和《爱丽丝镜中奇遇记》。但我们说的"刘易斯·卡罗尔"并不是指"那个写了'爱丽丝'系列的谁"，否则"原来是刘易斯·卡罗尔的妹妹才是'爱丽丝漫游记'系列的作者"就在逻辑上是矛盾的，但这句话在逻辑上并不矛盾，尽管这句话可能不符合事实。（编者按："刘易斯·卡罗尔"在这里就是一个严格指示词，逻辑上刘易斯·卡罗尔可以不是"爱丽丝"系列的作者，但在这种可能情形下"刘易斯·卡罗尔"仍然指原来那个人，而不是"爱丽丝"系列的作者。）这是索尔·克里普克在《命名与必然性》（Naming and Necessity）一书中提出的观点（他用了不同的例子）。

时这种行为挺受欢迎，而同样多时候，我能感到我的同伴正伺机礼貌地躲开我。无论如何，通过这样的讨论我发现了许多人对物理主义有着深刻的误解。他们认为，物理主义的观点是人脑产生意识，就好像意识是人脑物理活动产生的某种特殊气体。然而这样的观点并非物理主义，因为这里暗示着意识是某种超越或高于人脑物理活动的东西。来比较一下：我的父母产生了我，因而我是一个分离于父母的个体。同样，如果人脑产生了意识，那么意识就从人脑的物理运作里分离、独立出来，就像孩童从父母那里分离、独立出来。

事实上，物理主义认为感受和经验应当等同于人脑状态。物理主义者并不认为体验是由人脑状态引发的——因为在那种情形下，体验就与人脑状态相分离了。相反，物理主义者认为体验就是人脑状态：体验和人脑状态是同一回事。对物理主义者来说，物理科学告诉我们体验究竟是什么——人脑中的电化学过程——如同化学告诉我们水／闪电究竟是什么——H_2O／静电放电。[*]

记住这一点对于理解什么是物理主义至关重要。假设是你而不是你的好朋友苏珊被切除了颅顶，神经科学家正在窥探你的头部观察你脑袋的状态。如果物理主义是正确的，那么科学家们看到的就不是产生你的经验的状态，而就是经验本身。那些你"从内部"知晓的感觉经验，和科学家"从外部"看到的

---

[*] 一些物理主义者坚持认为，意识状态和物理状态之间是一种构成性而非同一性关系。然而，在学院派哲学家们当中几乎有一个共识（这极其罕见！）：僵尸的可能性与这个观点并不前后连贯；因此为了简洁起见，我将它搁置一旁。

人脑状态，其实就是从两种不同角度看到的同一样东西。

我们现在能够理解为什么仅仅是僵尸存在的可能性就与物理主义相悖了。因为物理主义告诉我们感觉等同于人脑状态。但是按照同一性原则，如果感觉和人脑状态是同一的，那么它们就不能分别存在。如果下丘脑（人脑中调节食欲的部分）中的特定活动等同于饥饿感，那么下丘脑特定活动就不能脱离饥饿感而存在，正如查尔斯·道奇森不能在没有刘易斯·卡罗尔的情况下存在，或者水不能脱离 H_2O 存在。而这哲学僵尸恰恰违背了这一点。你的僵尸双胞胎拥有和你一样的全部人脑物理状态，但是却没有你的感觉和经验。当停止供食时，下丘脑中会有相应的活动，但是僵尸实际上并不感到饥饿。由此可见，僵尸存在的单纯可能性是与物理主义相悖的。

我们可以作如下论证：

僵尸论证

如果物理主义是正确的，那么感觉等同于人脑状态。

如果感觉等同于人脑状态，那么没有人脑状态只有感觉，或者没有感觉只有人脑状态，在逻辑上都是不可能的（遵循同一性原则）。

如果僵尸在逻辑上是可能的，那么没有感觉只有人脑状态在逻辑上是可能的。

因此，如果僵尸在逻辑上是可能的，物理主义就是错的。

僵尸在逻辑上是可能的（参见第 78 页的论证）。

因此，物理主义是错误的。

读者们可能觉得自己被戏弄了。但是我们所做的一切都旨在揭示物理主义的逻辑含义，就像伽利略揭示亚里士多德物理学的逻辑含义一样。

僵尸论证在哲学学术文本中通常也被称作"可设想论证"（conceivability argument）。我觉得这个术语并不是很恰当，因为这个词暗示着与某种能够被想象的东西相关的论证，进而导致了一些误解，例如在阿尼尔·塞思对这一论证的回应中：

> 可设想论证通常都比较薄弱，因为它往往是基于想象力或知识的失败，而不是基于对必然性的洞察。举例来说，我越了解航空动力学，就越无法想象一架波音787梦幻客机会倒着飞。这根本不可能做到，只有在对机翼如何工作一无所知的情况下，这样的客机才是"可设想的"。[15]

塞思这里的话有两个问题。首先，僵尸论证与什么是可被想象的毫无关系——就好像人类想象力的极限就是现实极限的向导一样——而与逻辑可能性（即不自相矛盾）相关。其次，一旦我们承认逻辑可能性才是重点，我们就能看到塞思的类比并没有抓住关键，因为他的类比里包含的是完全不同的"可能性"。

我们（至少是）在两个意义上谈论"可能的"：

逻辑可能性——如果某物不自相矛盾，那么它在逻辑上是可能的。

自然可能性——如果某物与自然定律一致，那么它在自然上是可能的。

僵尸论证关乎的是逻辑可能性，但是塞思的例子处理的却是自然可能性。一架波音787梦幻客机倒着飞与自然定律相悖，当人们学到相关自然定律就会承认这一点。但一架波音787梦幻客机倒着飞当然不自相矛盾，假使自然规律相当不同，这样的客机是可能的。换句话说，一架波音787梦幻客机倒着飞在自然上是不可能的，但在逻辑上是可能的。

某种程度上，僵尸论证是对某些相当明显的事物的冗长证明。用一个人的物理本质来描述他（她），是把特定客观的、定量的属性归于他（她）。用一个人的意识经验来描述他（她），是把特定主观的、定性的属性归于他（她）。一个物理系统拥有拥有前一种属性并不蕴含着它拥有后一种属性。意识问题的核心在此。当代物理主义并没有提供问题的解决方案，而是固执地拒绝面对这个问题。

意识是一个幻觉吗？

基思·弗兰克什（Keith Frankish）是一位杰出的哲学家。他是我所认识的最热情的人之一。多年友谊让我知道基思深刻关切人类，对世界状况也满怀忧虑。

尽管如此，基思并不相信意识。他不相信任何人曾感受到疼痛，曾见过红色，或是品味过巧克力。他不相信意识，至少如果经验（意识）被理解为与主观性质有关的东西——而我们在整本书中就是这么做的。这不是说基思认为我们的主观性质都是哲学家的人为创造；我们认为自己具有的经验里包含了主观性质，这很自然，基思也同意这一点。只是在他看来这是一种幻觉，是我们的人脑玩弄的把戏。意识如同仙尘一样虚幻。

为什么基思会有这种想法呢？基本上是因为他赞同本章所呈现的论证。基思和我一样明白，意识的主观（定性）的属性，并不能通过物理科学的客观（定量）的语言得到解释。然而，从这一共同的起点出发，基思和我南辕北辙。在我看来，物理科学不能解释意识表明我们需要一个新的科学范式，一个能够容纳意识之实在的范式（参见下一章）。基思同意物理科学不能解释意识，但他由此推断意识必定是幻觉。

他是这样表述这一点的：

> 假设我们遇到一些看起来反常的事物——它在我们既定的科学世界观中完全无法得到解释。念力（Psychokinesis）就是一个例子……我们可以接受这个现象是真实的，进而探究它的存在意味着什么，提出对我们科学的重大修正或延伸，或许可以等同于一种范式转变。在念力的例子里，我们可以假设某种之前未知的精神力量，并开始对物理学进行重大修正以囊括它们……或者我们可以认为这种现象就是幻觉，进而着手研究这种幻觉是如何

产生的。于是我们可能会论证，那些似乎拥有念力的人是在玩弄把戏，就好像他们能够从精神上影响客观物体。[16]

弗兰克什希望倾向于科学的读者在面对念力时偏向第二选项。在我们重塑科学以容纳念力之前，应该尝试各种将念力消解为幻觉的方法。但如果这是一种处理念力的合理手段，为什么不把它用于意识呢？如果本章的论证是合理的，那么意识至少和念力一样不能契合我们当前的科学范式。毕竟，我们能证明意识存在的唯一证据就是人们看起来好像是有意识的。如果我们将这种似乎消解为幻觉，也就不再需要激烈地扩展我们当前的科学范式，那么这应该是最优先的选项。

这对意识来说是一个漂亮、优雅的解决方案，可以轻易避免本章到现在以来提出的所有困难。如果意识不存在，那么我们也就不需要关于它的科学理论，就像我们不需要占星术和炼金术的科学理论一样。这并不是说这个观点就不成问题了。弗兰克什称作幻觉主义的立场面临的主要挑战是，解释人脑如何完成这一非凡的魔术，如何成功说服我们如此确信主观性质存在。解释这种形式的"意识问题"并不需要激烈修正我们当前的科学范式。

你可能还记得前几页我提到过，我喜欢拿哲学讨论来轰炸并不情愿的社交同伴，以此逃避家庭婚宴上的乏闷。在甜点之前，我喜欢看人们对幻觉主义立场的反应。可能最常见的反应（除了强忍哈欠或表情呆滞）："这不可能！如果没有意识，意识到意识的'我'是什么呢？？幻觉又支配着谁呢？"

这一对幻觉主义的反对背后的东西是什么？在我看来哲学家盖伦·斯特劳森（Galen Strawson）很好地阐述了答案——斯特劳森嘲笑幻觉主义，称它是"有史以来最愚蠢的主张"：

> 否认者（Deniers，斯特劳森对幻觉主义者挑衅的称呼）说的最奇怪的事情之一是，虽然似乎有意识经验，但实际上没有任何意识经验：这种似乎实际上是一个幻觉。这样做的问题在于，任何这样的幻觉已经且必然是被当做幻觉的那个事物的实例了。假设你被催眠而感到剧烈疼痛。有人会说你并没有真正处在痛苦之中，这种痛苦是幻觉，因为你没有真正承受任何身体伤害。但是似乎感到痛苦就是处在痛苦之中。不可能在这里辟出一条区分表象和实在、区分是和似乎是的鸿沟。[17]

你可能会认为，作为物理主义的反对者，我会热衷于接受这种对幻觉主义的便捷、不快的拒斥。不幸的是，事情没有这么简单（它们很少如此……）。幻觉主义是否自洽取决于一个棘手的问题，那就是计算机能否思考。我们需要再次跑题。

计算机能"想"吗？

我们在本书里已经认识了很多"之父"。第一章我们遇到了现代科学之父伽利略，现代哲学之父笛卡尔。现在我们结识一下现代计算机之父：阿兰·图灵（Alan Turing）。图灵天赋异禀，二战时他在英国布莱切利公园（Bletchley Park）的密码破译中心工作，他在那里为破译德国人的恩尼格玛密码发挥了关键作用。有人估计，这项工作使战争缩短了两年多，挽救了1400多万人的生命。英国1952年给他的回报，是以同性恋起诉他，他接受了化学阉割而没有被监禁。两年后他死于氰化物中毒，验尸结果确定是自杀。

图灵严格界定了"计算"概念并通过逻辑论证测试其潜力和局限，从而为现代计算奠定了基础。大致而言，如果某个任务能按照一系列指令来完成，那这个任务就是"可计算的"，我们称这一系列指令为"算法"。图灵证明了有一些关于自然数的数学函数是不可计算的。尽管如此，他仍然认为人类心灵的所有功能也许都是可计算的，这为许多人打开了一种可能性，即人脑本身就是一种计算机。

人工智能领域最有名的概念就是人们熟知的"图灵测试"，它最初被称作"模仿游戏"，这是图灵对机器展示智能行为能力的测试。图灵想象一个人（"提问者"）向相邻房间里他看不见的两个对话者提出一系列问题，两个对话者中一个是人，另一个是机器。游戏的目的是区分二者。如果机器能在5分钟的对话中骗过70%的评委，就通过了测试。图灵预测，在20世纪末，将会有机器轻易通过这个测试。

图灵的预测并没有实现。尽管媒体偶尔会大肆宣传，但从来没有一台计算机能通过图灵测试。这本身不能说明测试有什么问题，只是图灵对技术进步的速度过于乐观了。但是这个测试究竟是什么呢？假若有一天一台计算机能够通过图灵测试，并且能够流利地谈论例如经济全球化带来的伦理和政治问题。那我们是否会认为计算机真的理解了这些社会问题呢？还是它不过鹦鹉学舌，好像它理解了一样？

哲学家们在这个问题上争论不休。美国哲学家约翰·塞尔（John Searle）设计了一个思想实验，旨在表明如果只是计算，即使强大到足以通过图灵测试，也不能算得上真正的理解。这就是著名的"中文屋"思想实验。[18]塞尔想象房间里有一个不懂中文的人，但是他有大量标有中文字符的纸页，还有一本说明书，告诉他对应某个"输入"的中文字符，怎样的中文字符"输出"才是正确的。房间外面是一个母语为中文的人，他们从屋外把中文提问递进来。房间里不懂中文的人接收这些"输入"，查阅说明书，然后把正确的"输出"递出去。

如果说明书非常详尽，无所不包，那么房间里的人就能模仿中文母语者。然而，房间里的人其实不懂中文，只是机械地听从指令。塞尔据此认为，直觉上很明显的是，房间（里的人）本身并不懂中文。我们获得的仅仅是理解的表象而不是真正意义上的理解。

塞尔所做的是用生动的方式反思了计算机是什么。与图灵对"计算"的定义一致，计算机是遵循指令的事物。中文屋实际上就是一台遵循程序的计算机，程序就是包含在说明书中的一系列指令。如果程序足够优秀，我们将无法区分中文屋（里的人）与中文母语者，中文屋因而会通过图灵测试。然而，一旦我们发现真正发生的不过是盲从指令，那么按照塞尔的观点，很明显这谈不上真正的理解。

许多人对塞尔的论证持异议。请注意，不同于我们本章考量的其他思想实验，塞尔并没有证明对立的观点自身存在矛盾，这个思想实验的目的只是让计算涉及的东西变得更为生动，希望受众不会轻易地把它们称作"理解"。

人们的反应是否如塞尔希望的那样，取决于他们如何定义"理解"。正如童谣《矮胖子》（Humpty Dumpty）睿智观察到的一样，人们可以自由地选择如何定义词语。*给"理解"一词赋予计算意义显然也是选项之一，这样就能说通过了图灵测试的机器能够"理解"了。事实上，图灵本人就是这么做的。在经典论文《计算机器与智能》（Computing Machinery and Intelligence）中，他构想了图灵测试，取消了计算机能否"理解""想"的问题，认为这些概念含混得无可救药，然后用一个在他看来更加准确的定义来替代我们日常生活中的"想"的概念。换言之，图灵直接把"想"定义为能够通过图灵测试（也就是在5分钟长的对话中骗过70%的评委）。如果人们接受图灵对"想"的计算式定义，那么很显然，能够通过图灵测试的计算机就能够"想"。如果人们遵循塞尔，拒绝接受图灵的定义，就会得到相反的结论。

回到幻觉主义

所有这些和幻觉主义有什么关系呢？关键是要注意，计

---

* 《矮胖子》这首童谣描述了一个坐在墙上的矮胖子从墙上摔了下来，人们没办法将他复原。这实际上是一个谜语，答案是把矮胖子（Humpty Dumpty）定义为一颗蛋。——编者注

算与意识无关。计算只是遵循指令。在塞尔的思想实验中，在中文屋中操作字符的是人，但是我们能轻易想象一台无意识的机器按照编程语言遵循这些指令。这并不是说它永远不会有意识。如果人脑是有意识的，那就没有理由认为人造物不可能是有意识的（我在下一章捍卫的理论与这种可能性完全前后连贯）。即便如此，我在这里的观点只是，计算不以意识为前提。不是非得有意识计算机才能运行程序。

为了便于讨论，我们假定塞尔是错的并且未来的计算机只要通过图灵测试就能够"想"和理解。如果这样一台计算机能够讨论全球经济并表达对凯恩斯主义的赞同，那么我们就能说，这台计算机相信凯恩斯主义是必要的。让我们进一步假定未来的计算机没有意识。（事实上，我们将在下一章看到，按照意识的信息整合理论，计算机还没有足够的信息整合度来产生意识。）在这种情况下，尽管计算机完全没有意识经验，但是能够"想"和理解。

我们正在想象没有感觉和经验的计算机。但是难道这样的计算机不能够被编程去相信它们拥有感觉和经验吗？很难说不能。如果一台计算机被编程能去详细讨论全球经济的命运，那么它也可以被编程来谈论微妙细腻的主观体验，而在计算机看来这些都是它直接意识的一部分。我们可以想象一下《2001：太空漫游》中计算机哈尔用古怪的语调报告："戴夫，今天早上开始我就感到有些焦虑……但因为你一直无视我，这种轻度的焦虑就慢慢发展成了激烈的怒火……"当然，由于哈尔是台计算机，他的语言输出只是机械遵从指令的结果。但是，如果我们真的接受图灵对"想"的定义,那么只要哈尔能够通过图灵测试,他/她/它毫无疑问就算是一个真正的思想者。

我们在上面提到,盖伦·斯特劳森认为幻觉主义是自我否定的,因为"似乎有意识"已经蕴含了意识:如果我似乎处在疼痛当中,那么我就处在疼痛中。这是否为真取决于我们的"似乎"是什么意思。上面写到的计算机"想",它有感觉和经验(至少是在上文定义的计算式的"想"意义上)。计算机"似乎"有意识,听起来不也很合理吗?事实上,这打开了一种可能性,那就是我们也许会想(在计算式的意义上)我们有意识但实际上我们没有。也可能,人类的心灵不过是一台通过演化编程的计算机,想着自己有主观的内在状态。

为什么演化会让我们相信本不存在的事物?心理学家尼古拉斯·汉弗莱(Nicholas Humphrey)同样是幻觉主义的支持者,他认为,意识的幻觉具有显著的生存优势。[19] 那些相信自己有主观内在世界的生物,会通过与周遭环境进行丰富的互动来充实内心世界。最终,那些相信自己有意识的生物会进而相信又一种幻觉——自我——他们不惜一切来维系自我的存在。在我某次以意识为主题的激情演讲中,尼古拉斯·汉弗正在听众席中。他对我的演讲很兴奋,在问答环节中,他说我展示出了相信意识会带来怎样的激情,从而实际上证明了他自己的观点。

事实上,我会用多得多的时间来探讨幻觉主义,而不是探讨试图鱼与熊掌兼得的标准形式物理主义。多数物理主义者都想充分肯定主观、性质丰富的意识的实在性,同时认为实在纯粹是物质性的。但是正如我们在本章看到的那样，认为世界能够被客观或定量地完整描述，又认为存在经验的主观性质，这明显是矛盾的。幻觉主义者没有尝试化圆为方：为了维系纯粹客观的世界，他们将主观性贬斥为幻觉。

然而，尽管这种观点是自洽的，我并不认为有理由接受它，而且还有很多理由可以拒绝它。幻觉主义声称科学证据能够支持其观点。但是科学证据不过是关乎经验的事实。我知道面前有一张桌子，是因为我拥有对这张桌子的经验。我们通过经验云室中的蒸汽轨迹来了解电子。*我们没办法直接进入物质世界，所有关于物理实在的知识都需要经验为中介。因此，宣称有科学证据证明意识不存在的这种提法完全是自毁的：接受幻觉主义会削弱成为幻觉主义者的证据。就好像相信某人一直说谎是因为他本人说他一直在说谎。

此外，坦白而言，在上述争论中我是支持塞尔的。我想说的是我知道拥有思想不仅仅是计算，之所以知道，是因为思想在意识中出现后我能直接意识到它。当我躺下后凝神于意识流动时，我不仅能意识到感觉体验，还能意识到有意识的想法：好奇、沉思、转瞬即逝的记忆。图灵想知道，"想"如果不是计算的话究竟是什么意思。我的回答是：显而易见，我们清醒的每时每刻享受的有意识的想法。这是中文屋和无意识计算机所不具备的。

---

* 云室是一种能显示高速带电粒子轨迹的设备，由于电离效应，电子途经的轨迹在其中会成为（由某种气体和液体组成的）过饱和蒸气的凝结中心，即成为蒸汽轨迹。——编者注

我们惯于从感觉语言思考意识，例如疼痛、看到红色、尝到柑橘。但是我们可以称作认知意识（cognitive consciousness）的实在——有意识的想法片段——在内省时同样明显。当有意识的想法被纳入考量时，幻觉主义就是不自洽的。一个生物不可能在没有意识的情况下有意识地认为它有意识。给笛卡尔的话稍作调整：我能有意识地思，因而幻觉主义是错的。

幻觉主义的最后一个问题是我们完全没有动力接受这种观点。反对二元论的科学证据是有争议的。但是二元论不是物理主义的唯一替代品。有一种观点可以很好地同时容纳主观体验的定性的事实和物理科学的定量的事实。这是我们下一章要探讨的内容。

关于这一问题说得已经够多了。我们现在开始给出解决方案。

专业性附录 A：我们有必要解释意识吗？

我在前文中一直假定，物理主义者的目标是要解释意识。在这个前提下，物理主义者需要解释意识的主观性质如何从人脑的化学中产生，就像水的流动性如何从其化学结构中产生一样。本章旨在表明，物理科学的资源实在无法胜任这样的目标。

在专业哲学内部，物理主义者中的主导观点是认为意识不需要解释。按照我们称作"粗暴同一性理论"（brute identity theory）的观点，意识状态就等同于人脑状态，这就够了。我们不需要"解释"例如疼痛感如何与特定人脑状态相关。如果我们有充足证据表明疼痛等同于人脑状态 X——粗暴同一性理论者称,如果疼痛与人脑状态 X 系统性相关,我们就能表明这种等同——我们只要画上等号就解决问题了。按照粗暴同一性理论,设想这里还需要更多解释是一个哲学上的混乱。*

粗暴同一性理论并不令人满意。人们期待科学提供解释,我想知道人脑过程是如何导致感觉经验的主观内心世界的。仅仅被告知它们就是等同的,没什么好说的,就像父母对蹒跚学步中的孩童不停问"为什么"时回答说"因为这是我说的"。此外,在其他科学同一性当中,我们能对现象显现出的特征做出解释。当把闪电等同于静电放电过程时,就解释了闪电的出现和随之而来的雷鸣;当把水等同为 H_2O 时,我们就得到了流动性的解释并知晓其沸点;当把热等同为分子运动时,我们就能得到它对我们身体影响的解释。与此相反,当把疼痛等同为特定人脑状态时,我们无法令人满意地解释为什么疼痛会有这样的感觉。正如哲学家乔·莱文(Joe Levine)极好地指出的,我们在心—脑同一性中发现了一种其他科学同一性的例子中不存在的"解释鸿沟"。[20]

人脑状态与经验之间假定的同一性,还在另外一个关键之

---

* 但僵尸理论不是证明了人脑状态不可能等同于感觉吗?粗暴同一性理论者们通过区分逻辑可能性与所谓更宽泛的形而上学可能性来回应僵尸理论。然后他们用形而上学可能性而非逻辑可能性来解释同一性原则。结果是,经验和人脑状态的等同与僵尸存在的逻辑可能性是相容的,而僵尸论证的前提 2 就是假的。我在《意识与基本实在》中对此作出了详细回应,我论证,当你知道你在构想什么时,形而上学可能性就是逻辑可能性。

处不同于标准科学同一性。在任何标准的科学同一性当中，我们都是间接地从表面特征开始思考某个给定的现象。想到水，想的是它无色无味，充斥在河流湖泊中；想到黄金，想的是它淡黄色的外表。然后科学家们会冒出来告诉我们表面特征背后的本质：我们发现水是 H_2O，黄金是原子序数 79 的元素。再来比较一下疼痛的例子。通常认为，想到疼痛，我们想的是它感觉起来怎么样。但是疼痛*就是*一种感觉，而且按照定义，一种感觉除了它感觉起来怎么样再无其他了。如果我们考量的只是*疼痛这种感觉本身*，日常经验已经告诉我们它是什么了。科学的工作不是告诉我们感觉是什么（当我们有一种感觉的时候已经知道它是什么），而是在实在的一般理论中给感觉一席之地。*

这是一场大争论，无论对于粗暴同一理论（在学术文献中被称作"现象概念策略"）还是对于我给出的回应，这几段话都没能充分展开。在我更为学术化的专著《意识与基本实在》中有更多细节讨论。

---

* 哲学家索尔·克里普克在他的《命名与必然性》一书中强调了类似这里的标准科学同一性与心理/物理同一性之间的区别。我在《意识与基本实在》一书中详细阐述了这一想法。

第 4 章

如何解决意识问题

在 20 世纪临近尾声我还是一名本科生的时候,我们被教导说只有两种选项来对待意识。要么诉诸物理科学来解释意识,这样的话你就是一个物理主义者,要么你认为意识完全在物质领域之外,这样的话你就成了二元论者。记忆中我一直痴迷于意识问题,所以从学生时代第一天开始我就决定,要把所有关于这两种解释意识的东西都读个遍。

大学第一年,我决定成为一个坚定的物理主义者。将意识置于人脑中得到的大量科学支持似乎已经排除了其他选项。我与宗教二元论者激烈辩论,支持心脑同一性,宣称其他任何选项都缺乏科学可信度。

但当我看到越来越多的论证时,我就开始怀疑传统物理主义的自洽性。物理科学描绘的宇宙图景似乎没有给经验的主观性质留下分毫余地。我下定决心,毫不妥协地拒斥意识的实在性是唯一自洽的物理主义立场。

可悲的是，假装自己没有意识是一件很难做到的事情，大学二年级时，我越来越感到一种认知失调。在讨论中做报告时，我开始感觉自己不诚实。即便独处时，我也觉得自己不真诚，就是存在主义说的"自欺"这样一种令人不安的状况。

某天夜里，我坐在一间拥挤、嘈杂的酒吧，喝着拉格啤酒、感受着我那晚第一支烟涌起的尼古丁（那时候在酒吧抽烟还是合法的），也感受着音乐节拍在胸腔中的共振，我突然忍受不了这样一种栩栩如生的意识经验带给我的真实感，对我的公开世界观形成了强烈冲击。我挤出酒吧，闭紧双眼站在冰冷的雨水中。我不能再否认了，如果物理主义是真的，那我就是一具僵尸。但我知道自己不是僵尸，我是一个在想、在感受的人。我不能一边活着一边否认意识了。

那次变革性体验之后，我成了隐秘的二元论者。反对二元论的科学论据仍然深深困扰着我，此外我把二元论和我接受的宗教教养联系起来（事后看有些不公平），我14岁时拒绝接受天主教信仰，让我的祖母惊愕不已。在我最后一年的论文中，我不情愿地认为意识问题可能无法解决了。失望沮丧之下，我觉得我已经受够哲学了。

在随后的一年中，我在波兰的克拉科夫教授英语。最初几个月，我刻意回避哲学，将自己沉浸在小说和科普书当中。随着时间推移，我还是忍不住开始阅读意识主题的哲学文章。正是在这段时间中，我读到了托马斯·内格尔（Thomas Nagel）1972年的经典文章《泛心论》（Panpsychism）——这篇文章从未出现在我本科时候的阅读清单中——并发现了物理主义与二元论之间一条被忽略的"第三条道路"。

泛心论认为意识是物理世界的基本的、普遍的特征。这种观点很容易被误解。按照这个词的字面意识,"pan"指的是一切,"psyche"指的是心灵——通常人们认为,泛心论者相信所有无生命的物体都有丰富的意识生活,例如你的袜子可能正在经历一段令人不安的存在主义焦虑。

这种理解泛心论的方式在两个方面是错误的。首先,泛心论并不像字面意思那样认为一切事物都是有意识的。他们相信物质世界的基本组成成分是有意识的,但是不需要相信有意识的粒子的每一个随机排列都会产生某种自身具有意识的事物。多数泛心论者会否认你的袜子是有意识的,同时声称它最终是由有意识的东西组成的。

其次,可能是更重要的是,泛心论不认为像我们这样的意识是无处不在的。人类拥有的复杂思想感情是数百万年自然选择演化的结果,很明显,这是单个粒子所不可能产生的。如果电子有经验,那将是某种不可想象的简单形式。

对人类而言,意识是复杂的东西,包含微妙复杂的情感、想法和感觉经验。但这与意识存在于极其简单形式中的观念很不自洽。我们有充足理由认为,马的意识经验要比人简单许多,鸡又比马更简单。有机体变得更简单时,可能意识之光在某一刻就彻底熄灭了,那样的有机体可能没有任何经验。但是也有可能意识之光从未完全熄灭,而是随着有机体复杂程度的降低,从苍蝇、昆虫、植物、细菌再到变形虫,意识不断减退。对泛心论者来说,这种逐渐减退但永不停息的连续谱能够进一步延伸至无机物，基本物理实体（可能到电子和夸克层面）也拥有极其原初形式的意识，反映其最为简单的本质。

即使限定了这些条件，泛心论听起来还是很疯狂。它有一种"新纪元"（New Age）的感觉，许多人都无法忽视这个表象。但是我们评判一种观点时，不应该看它的文化关联物，而是看它的解释效力。许多广为接受的科学理论也与常识背道而驰。爱因斯坦的狭义相对论告诉我们，时间在高速运动时会变慢。按照量子力学的标准解释，粒子在被观测时才有确定的位置。如果达尔文学说可信，那我们与猿有共同的祖先！所有这些观点都与常识世界观大相径庭，或者至少在甫一提出时如此。但因为这样的理由不严肃对待它们？恐怕没人会认为这是个好主意。既然如此，为什么我们要把常识当做探究世界真实如何的好向导呢？

但是这样一种观点能得到检验吗？我们无法身处电子内部来观察它的意识。虽然可能有办法验证"无生命物体拥有复杂思想"相关的预测——因为如果它有复杂思想，我们就能够与之交流——但"电子拥有极其简单的经验"这种主张似乎不意味着有明显的行为上的反应。如果既不能证实也不能证伪，那么泛心论似乎就成了物理学家沃尔夫冈·泡利所谓"连错误都算不上"的那类理论。

事实上，泛心论能够得到一些实证支持，我们稍后会讲。但泛心论的主要吸引力不在于解释观测数据，而是它能解释意识的实在性。我们知道意识是真实的，所以我们才需要对它进行一定解释。如果实在的一般理论没有给意识留下容身之地，那这个理论就肯定不是真的。泛心论提供给我们的是一种将意识整合进科学世界图景的路径，这一路径能够规避二元论和物理主义的深层问题。

之所以说它规避了二元论问题，是因为泛心论并不假定意识在物质世界之外，因而能够避免解释非物质心灵和物质人脑的交互问题。泛心论者和物理主义者一样，将人类意识置于人脑中。正因为它没有试图用无意识人脑过程来解释意识，泛心论也就避免了物理主义的问题。泛心论者不试图用无意识来解释意识，而是希望用意识的简单形式来解释人类和动物脑的复杂意识，意识的简单形式被设定为物质的基本属性。

这真的能够被算作对意识的一种解释吗？这难道不是将意识视作理所当然而非真正解释它吗？可以肯定地说，泛心论没有对意识提供一种还原性解释，也就是说，并没有用比意识更基本的东西来解释意识。但是，这种对解释的还原性强制规定只是物理主义的偏见。在科学中，有很多非还原解释的先例，它们将现象作为基本要素来解释。例如，考虑一下19世纪詹姆斯·克拉克·麦克斯韦（James Clerk Maxwell）的电磁学理论。麦克斯韦并没有按照既定的机械力和机械性质来还原性地解释电和磁。而是将电磁性质和电磁力设定为基本要素，在此基础上解释电磁现象。同样，泛心论者认为，意识的最终理论——当它出现的时候——不会用别的事物来解释意识，而是将某种形式的意识当做基本，在那之上发展。[1]

意识的实在性本身就是一个信息。如果泛心论给出了此信息的最佳解释，那么就此而言它得到了这个证据的支持。因此，泛心论的中心论点建立在一种关于最佳解释的推断上，需要解释的现象就是意识本身。

我没有夸大研习泛心论对我产生的深远影响。这是一种接受意识实在性的方式——真实、主观、定性的意识——这种实在性与经验科学的事实完全一致。我终于能够舒缓我的科学理解和自我理解之间的剑拔弩张。在泛心论中我找到了理智的平和，我能够重新自在自信地生活了。

而且，我突然重燃了对哲学的热情，并决定在次年的9月开始我的研究生学业。当时英国的哲学系里没有多少泛心论者。但是雷丁大学（University of Reading）有盖伦·斯特劳森极力为泛心论辩护，称其为"关于实在本质的最简洁、最合理、最'顽固'的立场"。[2] 这对我而言再合适不过。我当时并不知道，斯特劳森的文章和我稍后发表的一些文章，最终会引导泛心论在当代哲学中的全面复兴。在我开始攻读博士学位的时候，泛心论还是人们一想到就会嘲笑的立场。15年后，泛心论已经成为虽然小众但受人尊崇的立场。

这场革命的根源在于斯特劳森等人重新发现了哲学家伯特兰·罗素和科学家亚瑟·爱丁顿（Arthur Eddington）在20世纪20年代关于意识的重要著作。我相信罗素和爱丁顿对意识科学的贡献就如同达尔文之于生命科学一样。我们现在转向这个话题。

战争中失去的瑰宝

1919年5月,英国天文学家阿瑟·爱丁顿首次对爱因斯坦的广义相对论进行了实验证明,从而推翻了200多年来的科学共识。在1905年发表狭义相对论之后,爱因斯坦花了十年时间尝试将万有引力纳入他的革命性世界图景。1915年11月发表的广义相对论就是十年艰苦卓绝的成果。在该书中,爱因斯坦宣称牛顿错了,万有引力并不像牛顿设想的那样是一种基本力。相反,引力需要用物质和时空之间的相互作用来解释。物质通过扭曲时空的几何形状来影响它。由此产生的曲率会反过来影响物质,因为物质物体在穿越时空时倾向于遵循最短路径,而这又是由时空曲率决定的。换句话说,物质告诉时空如何弯曲,而时空又告诉物质如何移动。

当爱因斯坦发表广义相对论时,欧洲已经进入第一次世界大战一年多了。如你所料,当时的英国人对德国科学家的推测性理论并没有多少兴趣,尤其是这个理论还声称推翻了英国科学家牛顿200多年的统治权。然而,爱丁顿是贵格会教徒和国际主义者,毫无民族主义偏见。对爱丁顿来说,真理比什么都重要。在第一次世界大战期间,他是皇家天文学会(Royal Astronomical Society)的秘书,鉴于他的科学工作对国家的重要性,被免除兵役。最终,爱丁顿成为第一批接受爱因斯坦复杂的新引力理论的英国科学家之一,他对这个理论异常兴奋。

战争结束后仅6个月,爱丁顿就与皇家天文学家弗兰克·沃森·戴森(Frank Watson Dyson)一道,在非洲西海岸

的普林西比岛 (Principe) 进行了一系列日食观测活动。当月亮遮住太阳时，爱丁顿拍摄了太阳轮廓周围的可见恒星。在此基础上，他能够证明，正如爱因斯坦理论的准确地预测的，这些恒星发出的光被太阳质量造成的时空弯曲所弯曲。牛顿理论没有预测到星光会被扭曲到如此程度。爱因斯坦被证明是正确的，一夜间在国际上声名鹊起。

爱丁顿接着成了相对论的主要捍卫者，他不仅让科学界相信了爱因斯坦的真理，而且找到了栩栩如生、不用复杂的数学公式就向普罗大众解释相对论意义的方法。爱因斯坦本人曾说过，爱丁顿关于相对论的著作是"任何语言中对这一主题的最佳呈现"。当爱丁顿向皇家学会（Royal Society）提交相对论的证明时，有人开玩笑说爱丁顿是世界上真正理解相对论的三个人之一。爱丁顿最初谦逊地沉默着，当被鼓励发言后，他回答说："不是这样的，我很想知道第三个人是谁！"[3]

如今人们可能不太记得爱丁顿是一位伟大的科学和哲学双料支持者和普及工作者。这在当今的物理学家中并不多见，事实上，许多杰出的物理学家表达过对哲学的敌意。斯蒂芬·霍金（Stephen Hawking）和伦纳德·蒙洛迪诺（Leonard Mlodinow）在《伟大的设计》开篇就宣称"哲学已死"，因为哲学家已经跟不上当代物理学的数学化发展。这一声明略带讽刺，因为霍金和蒙洛迪诺在之后的章节中反而沉溺于自由意志和形而上学实在论的哲学讨论。的确，很多哲学家（我自己当然也在其中！）无法应付广义相对论涉及的复杂的数学结构。但是这其实有利有弊：大多数物理学家也对当代哲学中的复杂概念结构缺乏理解。

事实上，擅长物理学的技能并不一定会让人擅长哲学。哲学需要的是从日常语境中抽象地思考日常概念——如意识、正义、自由意志、知识等等。这与成为一个优秀物理学家所需要的数学技能截然不同。数学需要完全从日常概念中抽象出来。

爱丁顿赞同这一点，他明白哲学家和物理学家在揭示实在本质上都发挥着各自的作用。在 1928 年出版的《物理世界的本质》（*The Nature of the Physical World*）一书中，爱丁顿称赞了阿尔弗雷德·诺斯·怀特海（Alfred North Whitehead）当时还属前沿的哲学，同时对他本人作为一个非专业人士要充分理解其中细微差别的能力表示谦逊。在讨论过程中，爱丁顿提出一个有趣的比喻来表达他眼中科学家和哲学家的共同努力：

> 虽然这本书（爱丁顿的《物理世界的本质》）可能在很多方面与怀特海博士广受阅读的自然哲学截然对立，但我认为，将他当作通过隧道从山另一侧而来，会见我这样更少哲学思想的盟友要更为合适。唯一的问题是，不要把隧道的两个入口弄混了。[4]

这些与意识有什么关系呢？在科学中，爱丁顿是相对论的热情支持者。但是在哲学方面，爱丁顿受到了伟大英国哲学家、诺贝尔奖得主罗素的启发；罗素在 1927 年提出了关于意识问题的新颖解决方案，这一方法规避了物理主义和二元论者之间长期的争论不休。就在罗素发表观点的同一年，爱丁顿在吉福德讲座上阐明了他对罗素理论的看法。两人无疑符合爱丁顿描绘的哲学家和科学家从隧道的不同入口出发会面的图景，在意识问题上也是这样，罗素在 1927 年出版的《物的分析》（*The Analysis of Matter*）一书中对当时还属新颖的相对论和量子力学进行了哲学反思。

值得注意的是，这一在两次世界大战期间发展出来的研究意识的新路径尽管让人兴奋，在 20 世纪后半叶则完全被遗忘了。第二次世界大战后，正统物理主义者主导科学和哲学数年，以至于只有少数特立独行的人敢于反对。罗素－爱丁顿理论并不是二元论，严格来讲也不是物理主义，所以在那个充满意识形态之见的时代，它毫无争议地被抛弃了。我们将要讨论的内容，当然也就从未出现在我本科时候的教学大纲上。

情况慢慢在转变，少数明智且受人尊崇的学院派哲学家们开始捍卫不同形式的"反物理主义"观点。根据最近一项对学院派哲学家的调查，物理主义仍然占据主流，但仅仅占到了 56.5%。[5] 这种潜移默化的转变让人们重新发现罗素－爱丁顿在物理主义和二元论之间发展的第三条道路，在现在的学院派哲学中，它被视为解决意识问题最有希望的路径之一。但是这种可以被视作某种泛心论的观点，在学院派哲学的象牙塔之外则几乎不为人知。如果没有经验科学家的参与，现在这个阶段的观点还过于简略、有待完善。本书的一个主要目的就是向更多读者阐述用罗素－爱丁顿框架解释意识的合理性，希望在一个学术共同体内，更多的同道人能一起添砖加瓦增补细节。

为什么物理学告诉你的比你认为的少

在公众心目中,物理学正在对空间、时间和物质的本质给出一个完备的解释。当然,我们目前还没到达终点;首先,我们关于极大事物的最佳理论相对论,与关于极小事物的最佳理论量子力学还不能统一。但是人们普遍认为,总有一天这些挑战将被克服,物理学家会自豪地向热忱的公众展现万物的大统一理论(Grand Unified Theory):一个关于宇宙基本性质的完整的故事。

这并非罗素和爱丁顿对物理学的看法。让科学共同体绝对会感到诧异的是,他们二人认为物理学之所以如此成功,恰恰是因为它不再试图告诉我们关于物质本质的任何东西。为了便于阐述,我将专注于爱丁顿对该论证的陈述,它始于一个平常的例子:

> 如果我们在一份物理学和自然哲学的试卷中寻找较易理解的试题,我们可能会看到这样一段开头:"一头大象从一个长满青草的山坡上滑下……"有经验的考生知道他不需要太关注这一点,把它放在这里只不过是给人一种现实感。他继续读下去:"大象的质量是2吨。"现在我们要开始干活了。大象淡去,两吨重的东西取代了它的位置。这两吨,也就是真正的主题是什么?……(它是)大象被置于磅秤时,磅秤指针的读数。让我们继续。"这座山的坡度是60°。"现在山坡淡出了问题,60°角取代了其位置。

60°是指什么？不必费神考虑神秘的方向概念。60°就是量角器上相对于垂线的读数……由此我们看到，文字的诗意淡出之时，便是准确的科学严肃应用之始，留给我们的只有指针的读数。[6]

伽利略在 1623 年宣布数学将成为科学的语言，而在上述来自 1928 年的引文中，我们发现爱丁顿完全理解（可能是现代科学史上第一次）伽利略的说法意味着什么。

为了进一步澄清爱丁顿的观点，让我们比较一下一些物理学方程和经济学方程。考虑以下来自经济学理论中的简单方程：

$$A=T/L$$

在上面的方程中，A 代表平均产量，T 为总产量，L 为劳动力数量。所以这个方程告诉我们，平均产量等于总产量除以劳动力数量。举个例子，如果一个工厂每天用 10 个工人（劳动力数量）生产 100 个部件（总产量），那么平均产量是 10 个。

请注意，这个方程并没有告诉我们什么是"劳动力数量"或者"产量"。更确切地说，它依赖于我们对这些概念有一个先于理论的理解，以便建立彼此之间的数学关系。如果一个外星人偶然看到一本经济学教科书，但是不知道劳动力数量和产量是什么，那么这个方程对它而言就毫无意义。

物理学方程中也是类似。来看一下牛顿万有引力定律：

$$F = G \frac{Mm}{r^2}$$

变量 M 和 m 表示两个物体的质量，我们想要计算它们之间的引力，F 是两个质量之间的力，G 是引力常数（我们通过观测知道的数字），r 是物体 M 和 m 之间的距离。正如经济学方程没有告诉我们什么是"劳动力数量"或"产量"，上面的物理学方程也没有告我们什么是"质量""距离"或"力"。这不是仅仅是牛顿定律中存在的情况。* 物理学的主题是物理世界的基本属性：质量、电荷、自旋、距离、力。但是物理学方程并没有解释这些性质究竟是什么。他们只是给属性命名，以便告诉我们它们之间的关系。

经济学方程没有告诉我们什么是"劳动力数量"或者"价格"，这并不构成问题，因为经济学并不是一门纯粹的数学化的科学。经济学对其核心概念预设的是非数学化定义。例如，我们可以将"劳动"定义为生产商品或者提供服务，这里对劳动、商品、服务的理解完全是非数学化的。相较之下，自伽利略以来，物理学一直都是一门纯粹的数学化的科学。方程之外别无其他，没有什么能够进一步去界定什么是"质量""电荷"等等。数学化的物理学根本没有资源来告诉我们物理世界的基本特征是什么。

---

* 人们可能会认为爱因斯坦的引力理论克服了这些困难。我认为它没有，见专业性附录 B。

如果物理学说的不是物理实在的本质，那它告诉我们的究竟是什么呢？爱丁顿在他所讲的"指针的读数"(pointer readings)中想要传达的关键要点是，物理学是一种预测工具。即便我们不知道"质量"和"力"究竟是什么，我们也能在世界中识别出它们来。它们会以读数形式出现在我们的仪器上，或者作用于我们的感官。通过使用物理学方程，诸如牛顿引力定律，我们能精准预测将要发生的事情（尽管严格来说，牛顿定律已经被相对论所取代，但仍然被广泛使用，因为多数情况下它的精确度已经足够）。正是这种预测能力能够使我们以非凡方式掌控自然界，促成了改造我们星球的技术革命。

我们可以不太严谨地说（专业性附录 B 将会有更仔细的分析），物理学告诉我们的不是物质是什么，而是物质的行为。试想一下电子，关于电子，物理学告诉我们什么？电子具有质量和负电荷（还有其他性质）。物理学又是如何界定质量和负电荷的？质量被描述为倾向，即吸引其他有质量物体的倾向（我们称为"引力"的东西），以及抵抗加速度的倾向（质量越大的物体就越难让它运动，包括停止运动和改变速度）。负电荷被描述为排斥其他带有负电荷的物体，并吸引带正电荷物体。请留意，所有这些都涉及电子的行为，它相对于其他物理粒子的运动。这种特点也适用于物理学告诉我们的关于电子的其他一切。物理学只负责告诉我们电子的行为。

然而按照直觉，电子肯定有比行为更重要的本质。就像哲学家们喜欢说的那样，电子一定有内在本质。来看一下以下类比。想象一副国际象棋的棋盘上有一颗棋子，你可能知道棋子怎么移动；如果是象，那它能对角移动。但是，除了行为外，棋子肯定还有更多的本质。一定有某种独立于其行为的关于它自身的东西。例如，它可能是由木头或者塑料制成的。当我们问棋子自身如何时，我们就是在问它的内在本质。对电子来说同样如此，在它相对于其他粒子做了什么之外，肯定有某种关于它自身的东西。然而，物理学在电子的内在本质方面缄默不语。

这就是所谓的"内在本质问题"：

> 内在本质问题——物理科学仅限于提供关于物体（粒子、场、时空）行为方面的信息，而没有关于它们内在本质的信息。

（继续阅读之前，对内在本质的必要性有所怀疑的读者可以先阅读本章末的专业性附录 B。）

内在本质问题不仅出现在基本的物理学中，也出现在"更高层级"的化学和神经科学中。在神经科学中，人脑中的物理过程被描述为它在人脑中的因果角色（即这个过程相对于人脑其他部位、相对于其他行为做了什么）或者它的化学构成成分（例如氨基酸、肽、单胺等神经递质）。在化学中，元素和分子被描述为它们与其他化学实体的因果关系（例如，酸是根据它们释放质子或氢离子，或是接受电子的能力来定义的），或者它们的物理构成（例如水是由包含两个氢原子和一个氧原子的水分子组成的）。于是从神经科学和化学出发，我们最终到达了物理学，正如我们之前讨论的那样，基本物理属性被描述为粒子的行为。整个物理科学层级从头到尾，我们知晓的只有因果关系，也就是物理物体的行为。

这需要花些时间消化。我们惯于认为物理科学告我们的是世界的"本质"。当我们知道水是 H_2O 或者热是分子运动时，我们倾向于认为我们发现了水和热的实在本质。这在一定程度上是因为化学把现象描述为它的原子成分，因而我们得知水是由氢和氧组成时，我们感觉了解了一些新东西。只有当我们深入研究"氢"和"氧"是什么时，我们才发现化学完全是用它们的物理组成成分来描述氢和氧的，但是物理学完全不能告诉我们这些成分的内在本质。我们到这儿会真实地感觉到，我们压根不明白氢和氧是什么，因而也不知道水是什么！

在本节开头，我们说公众认为物理学正在给出宇宙的完备解释。现在可以看到公众的看法是多么错误。不只是不完备，我们从物理科学中得到的宇宙理论还有一个巨大漏洞。即使某天物理学家真的能够统一广义相对论和量子力学，呈现给我们一个大统一理论，这个理论依旧是不完备的。因为它没有告诉我们任何事物的内在本质。

尽管后来对哲学有恐惧症，霍金在《时间简史》(*A Brief History of Time*) 这本让他家喻户晓的书中还是认可了上面的观点：

> 即使存在一种可能的统一理论，那只是一堆定理和方程。是什么激活了这些方程，又创造出方程描绘的世界呢？[7]

这些物理方程能让我们非常准确地预测物质行为。但是只有物质的内在本质才激活了这些方程。物理学对此却没有只言片语。

迈向更广阔的科学观念

需要强调的是，罗素和爱丁顿提出的批评都不是针对物理学本身。没有预设内在本质不是物理科学的错，这本就不是它的分内之事。物理科学的目标是要预测行为，在这方面它做得很好。提出内在本质问题的哲学家，并不是试图告诉物理科学家他们需要换个方式工作。这里所揭露的是一种对物理学的流行看法，按照这种看法，物理学的目的是为实在竖起一面镜子。而实际上这并不是物理学的工作。

近些年来，我们已经习惯于将"科学"和"物理科学"视为同义词。与此同时，我们期待科学家们能给出一个完备的关于实在的理论。对科学的这两种要求是不能调和的。只要"科学"等同于"物理科学"，就会受到以下限制：

- 它将无法解释意识，因为意识的定性实在不能被物理科学的定量语言捕获。
- 它只限于告诉我们物质的行为，而对物质的内在本质缄默不语。

解决方案是转向更广阔的科学概念，将物理科学视为其中的一部分。作为定量科学的物理学和化学取得了巨大成功,但这在一定程度上是因为它们设计之初就是用来实现一个具体而有限的目标:行为预测。

更广阔的科学可能并不会更有用,至少如果我们把有用理解为制造桥梁或者治愈癌症这类事业。物理科学是非常有用的科学,因为它为我们提供了物体如何运动的详尽信息。实践的效用,不同于给出关于实在的完备理论的本体论希求,我们不应该把两者混为一谈。如果不能超越物理科学所提供的信息,那我们终将无法达成科学的终极目标:万物理论。

这门新科学会是什么样子,它将如何更好地解释意识呢?我们稍后会讲。在这之前,先来看看罗素和爱丁顿是怎样解决意识问题的。

翻转意识问题

物理学没有告诉我们物质的内在本质。那么,我们是否被迫得出结论说,我们对物质的内在本质一无所知呢?并非如此,爱丁顿说道:

> 我们已经将所有先入之见都作为指针读数的背景而加以去除(爱丁顿的意思是那些引发测量仪器读数的原因),因为在大多数情形下我们对其本质无法有任何发现。但在一种情形下,即对于我自己的人脑的指针读数,我有一种不限于指针读数证据的洞察。这种洞察表明,它们与意识

的背景存在关联。⁸

换句话说，我有且只有一个通达物质内在本质的小窗口：我知道我人脑中物质的内在本质中包含着意识。我知道这一点，因为我能够直接意识到我自身意识的实在性。同时，假定二元论是错误的，那我直接意识到的这个实在性，至少是我人脑内在本质的一部分。*

认识到这一点就翻转了意识问题。人们普遍认为，神经科学让我们对人脑的本质有了深刻理解，而挑战在于理解意识的神秘现象如何能与物理科学揭示的更好理解的实在"相容"。事实上，意识并不是神秘的，意识是我们唯一真正理解的那一小撮物理实在。物理世界的其余部分才是一个谜。正如爱丁顿所说：

> 我们了解外部世界，是因为其触角伸入到了我们的意识中；我们实际知道的只有我们自己的触角；借助这些触角，我们多多少少成功地重构了外部世界，就像古生物学

---

* 正如我之前的老师盖伦·斯特劳森一直热衷于强调的那样，这里存在的一个困难是，我们很容易退回到二元论的思维方式当中，我们会暗中假定我们的经验都是由人脑中的物理性质产生的，而不是真的与之等同。假设你正在闻鱼，如果二元论是错误的，那么对鱼的体验就是此刻你活动着的人脑中内在本质的一部分。在《物的分析》第320页中，罗素生动阐明了这一点："生理学家在检视一颗人脑时，他看到的东西存在于这位生理学家自身内，而不是他检视的人脑内。如果在生理学家检视时，那颗人脑已经死亡，我不知道它里面有什么；但是当它的主人活着时，那他的人脑至少有部分内容是由他的知觉、想法和感觉组成的。"我们还可以从这段引文中看出，罗素并没有完全接受泛心论立场，这一点下面会讨论。

家从某种灭绝了的庞然大物的一个足印中重构出了它。[9]

这为解决意识问题指明了一条优雅的路径。本质上,意识问题可以被陈述如下:

> 意识问题——如何将意识整合到我们对宇宙的科学叙事中?

在这一章中,我们遇到了另一个问题,一个表面上与意识无关的问题:

> 内在本质问题——物理学没有告诉我们任何关于物质内在本质的信息。

爱丁顿的精彩洞见(它建立在罗素的想法上),同时解决了这两个问题:

> 问题1:我们需要给意识留下容身之地。
> 问题2:我们的科学叙事的中心有一个巨大的漏洞。
> 解决方式:用意识填充这个漏洞。

换句话说,爱丁顿认为,意识就是物质的内在本质。对爱丁顿来说,正是意识,点燃了物理学方程的火焰并为其注入了活力。

具体想法是这样的。物理学对质量和电荷的描述是"从外部"（根据它们的行为）进行的，但"从内部"来看（根据内在本质），质量和电荷是一种非常简单的意识形式。往上一个层级，化学"从外部"描绘了化学性质，但是"从内部"看则是复杂意识形式——源自基本物理学层面的基本意识形式。再往上，神经科学"从外部"描绘了人脑过程，但是"从内部"看，它们是人类经验状态，是更基本的化学和物理层面的意识形式上衍生出来的极为复杂的意识形式。

这似乎是一个自洽的方案。但是我们有什么理由严肃对待它呢？首先是目前来看还不清楚是否有其他替代方案。因为乍听之下虽然有些怪异，但似乎除了意识之外，还没有其他东西能作为物质的内在本质。物理科学当然没有提供给我们替代选择，因为它对物质的内在本质缄默不语（详见专业性附录B）。如果内省和观测都不能给我们提供关于物质内在本质的线索，我们还能去哪里找寻呢？似乎只能在泛心论关于物质内在本质的观点和17世纪哲学家约翰·洛克说的关于物质"我们不知道它是什么"之间做选择。如果我们寻求的是一幅没有裂缝的实在图景，泛心论可能是唯一的选项。对爱丁顿而言，这就足以接受泛心论了：

> 维多利亚时代的物理学家认为，当他运用诸如物质和原子这类术语时，他知道自己在说些什么。原子是微小的台球，这句清晰的陈述旨在告诉你所有关于原子的本质，但这种陈述方式永远无法应用于像意识、美或幽默这样的超然

的东西。现在我们认识到，科学对于原子的内在本质从不置喙。物理学里的原子，和物理学中的其他东西一样，就是一张指针读数表。我们同意，这张表连接在一些未知的背景上。那么为什么不把它与精神性质的东西——它们的突出特点是思想（爱丁顿指的是意识）——连接起来呢？我们宁愿将它与所谓具体的、与思想不一致的性质连接起来，然后再惊呼这一思想来自何处，这看起来很傻。[10]

此外，强有力的证据表明，与我们直接知晓的那部分物质本质相一致的理论中，泛心论是最简洁的。爱丁顿的出发点如下：

1. 物理科学完全没有告诉我们物质内在本质的任何信息；
2. 关于物质的内在本质，我们唯一知道的事情是，某些物质，即人脑中的物质，具有由意识形式构成的内在本质。

我们很难真正领会这两个事实，因为它们与我们文化对科学的看法截然对立。不过我们一旦理解了，那么很明显，关于人脑以外物质内在本质最简单的假设就是，它与物质人脑内部的物质内在本质是连贯的，也就是说，人脑内和人脑外的物质内在本质都由种种意识形式构成。要否定泛心论，我们就需要一个理由来假定物质拥有两种内在本质而不是只有一种。

我将此称作泛心论的"简洁性论证"。这听起来可能是一种并不牢靠的考虑，但实际上，简洁性的考虑在科学中扮演着重要角色。正如我们在第二章讨论过的那样，有无数的理论会与证据相符，我们必须基于简洁性在它们之间做出选择：如果能用更少的东西进行解释，就不要相信更多东西。毕竟，绝大多数科学家和哲学家们拒斥非物质心灵的主要理由也是如此。同样，我们在第二章也讨论过，正是基于简洁性的考虑，科学共同体才几乎一致青睐爱因斯坦的相对论而非洛伦兹的方案。

事实上，在泛心论与狭义相对论之间还有一个更深层的相似。狭义相对论虽然比洛伦兹竞争方案更优雅简洁，但是它更违背常识，因为它包含了各种稀奇古怪的关于时间本质的东西，例如，时间在高速运动下会走得更慢。洛伦兹的观点尽管不太简洁，但是能够保留我们常识性的时间观，而洛伦兹本人也不想放弃这一点。比起保留常识观念的理论，好的科学实践应当追求简洁优雅的理论。我相信，那些带着严格的客观性、不受偏见左右、遵循这条规则的人，将会走向泛心论。

当人们认为物理学正在为空间、时间和物质的本质给出一幅完备图景时，泛心论听起来是荒谬的，因为物理学不认为基本粒子具有经验属性。但是人们一旦理解了内在本质问题，宇宙看起来就非常不同了。我们从物理学中得到的只是一个非黑即白的大的抽象结构，我们必须以某种方式用内在本质填充它。我们知道如何为其中一小部分填色：生命有机体的脑就被意识涂上了色彩。那么其他部分呢？最简洁、最优雅、最明智的方式就是用同一支笔去描绘。

还有一要点需要强调，我们所考量的是一种非二元论的泛心论形式。当我们第一次想到泛心论时，我们倾向于用二元论的方式思考它，就好像电子事实上拥有物理属性——质量、电荷、自旋等等——和并列其中的意识属性。这种二元论形式的泛心论与我们在第二章讨论过的二元论一样，存在很多问题。它会失去简洁性，因为我们要在种种物理属性上再附加一个非物理属性。此外，神经科学中并没有迹象表明人脑中存在神秘非物理属性引发的因果效应，这给了我们强有力的理由认为并不存在什么非物理属性。

爱丁顿的泛心论不是二元论。在他的观点中，粒子并非具有两类性质：一类是物理属性（质量、电荷、自旋等等），另一类是非物质的意识属性。更确切地说，他认为粒子的物理属性本身就是种种意识形式。物理科学所描述的行为属性，在内在本质上就是种种意识形式。物理学"从外部"用行为来描述质量，但是就内在本质而言，质量是一种意识形式。至少，这一观点和认为质量具有某种完全未知的本质的观点一样简洁，一旦我们承认物理学对物质内在本质缄默不语，那么它和泛心论可以说就成了仅存的选项。* 因此，爱丁顿的泛心论并没有在我们的物质理论上附加什么，这种理论只是对物质本质上是什么提出了积极肯定的建议。

更普遍讲，爱丁顿式的泛心论给了我们一种优雅的路径来统一心灵和物质，从而完全避免了二元论和物理主义之间无法

---

* 萨姆·科尔曼（Sam Coleman）就物质内在本质曾提出一个非泛心论的解释：物质内在本质是由非经验的性质构成的（例如参见他的文章 Panpsychism and Neutral Monism）。我在我的学术著作《意识与基本实在》中反对这一解释。另一种选项是是否认有必要给物质假设任何一种内在本质，对这一观点的回应参见专业性附录 B。

消弭的争论。二元论提供给我们的是一个根本不统一的实在图景，同时也无法解释心灵和人脑如何互动。物理主义给出的图景虽然统一，但是没有给意识留下容身之地。爱丁顿的泛心论规避了所有这些问题，它具有物理主义所具备的简洁性和同一性，同时还为意识留下一席之地。

通过物质的内在本质来描述意识的基本想法来自罗素。然而，罗素本人对该想法的解释还不那么的泛心论。罗素认为，世界的内在本质由第三种要素构成，既非心灵也非物质，但更接近前者。这种观点被称作"中立一元论"（neutral monism），最近对罗素-爱丁顿路径兴趣的重燃，包含着对罗素中立一元论和爱丁顿泛心论的双重辩护。* 在我看来，尽管二者都值得探究，但就简洁性而言，后者更有优势。

第一章曾重点讨论了伽利略如何从物理世界中剔除感官性质，从而为数学化的物理学留足可能性。现在我们能够真正审视伽利略错在哪里。他认为数学能够为我们提供关于物理实在本质的洞见，而数学揭示的这种本质与感官性质的实在格格不入（因此感官性质必然存在于灵魂中）。实际上他在这两方面都错了：数学模型并没有告诉我们任何关于物质内在本质的东西，正因此，数学模型不能排除掉感官性质的实在。1623 年，伽利略理将感官性质从物质世界中剔除出去，300 年后的 1927 年，罗素和爱丁顿终于找到了重新安置它们的办法。

---

* 中立一元论的当代主要捍卫者包括萨姆·科尔曼、汤姆·麦克莱兰（Tom McClelland）、苏珊·施耐德（Susan Schneider）和丹尼尔·斯图加（Daniel Stoljar）。

文化的转变

正如我之前提到过,当我开始攻读博士学位时,泛心论还没有得到重视。甚至五年后,我开始申请学术职位时,还被告知要对我的泛心论立场守口如瓶,以免影响我的就业。然而,知识潮流正在转变,过去五到十年间,意识科学开始对泛心论及相关观点变得越来越开放。这一节,我们来考量几个例子。

在第二章中我们讨论过意识的信息整合理论,也就是IIT,一种重要的意识神经科学理论;根据这种理论,意识与物理系统中的信息整合程度相关。我没有提到的是,IIT蕴含着泛心论,其创立者朱里奥·托诺尼很自然就接受了这一点。

几乎所有物理系统甚至是一个分子都与某种程度上的信息整合相关。按照信息整合理论,信息整合的存在本身并不预示着意识的存在。这一理论告诉我们,在任何一个物理系统中,意识只有在整合程度最高的层级上才能存在。例如,人脑中的一个分子是没有意识的,因为人脑层面的信息整合度要远高于单一分子层面的信息整合度。然而,IIT预测,水坑里的一个分子是有意识的,因为它的信息整合度要比水坑整体的信息整合度高。这一意识理论得到了大量经验证据的支持,但它意味着,意识的分布要比我们日常假定的更为宽泛。

心理学家苏珊·布莱克莫尔(Susan Blackmore)是一位著名的怀疑论者。20世纪60年代她还年轻时,有过一次活灵活现的灵魂出窍经历,这让她相信超自然现象是真实存在的。她接着攻读了超心理学(parapsychology)博士学位来捍卫这一信念。然而，随着她对灵异现象调查越多，她越觉得相信这类事情纯粹是"一厢情愿、自欺、实验错误，偶尔还有欺骗"的结果。[11] 她后来的工作重点是迷因和演化论，而不再是心灵感应和心灵遥控。布莱克莫尔现在仍然致力于严格经验和非超自然主义研究心灵的路径。她将泛心论视为一个严肃的选项，2018 年在威尔士瓦伊河畔海伊的一次哲学活动上，她对我说："只要一个物理系统能够将自身从环境中区分出来，那这个系统就可以说是具有经验的。"

过去十五年间与我争论最多的哲学家之一是大卫·帕皮诺（David Papineau）。他是伦敦国王学院的教授，是对我上一章所捍卫的论点（包括僵尸和黑白玛丽）最著名的批评者之一，我认为这些论点证明了意识不能用物理科学来解释。尽管我们分歧很深，但我从彼此的交流中学到了很多，有些是在哲学播客中，也有些是在非正式场合里。尽管在学术上我们是竞争者，生活中我们是很亲近的朋友。我非常钦佩大卫对事不对人的能力，这在当代公共论辩中经常被忽视。

然而，当我们上次辩论时听到大卫说他现在被一种泛心论立场吸引时，[12] 我目瞪口呆（flabbergasted，我可不是轻描淡写）！他的动机和我完全不同，我是因为觉得物理科学无法解释意识，因此需要其他方法将意识融入我们的科学世界图景中。大卫并不觉得这里有什么问题：意识就是人脑中的化学过程，仅此而已。相反，大卫之所以倾向泛心论，恰恰是因为他认为意识并没有什么特别之处：

……如果意识是由额外的心灵材料构成，一些附加在物质领域之外的东西，那么这种心灵材料的存在与否就会产生重大影响。但是，一旦我们从这种额外心灵材料的直觉神话中解脱出来，我们是否还要继续认为意识构成了独特物质呢？[13]

　　换句话说，那些认为意识只存在于人脑中的人，是在用隐晦的二元论方式进行思考，就好像意识是一种特殊的魔法物质，只会在非常特殊的情形下出现。对帕皮诺来说，意识科学家就像古代的炼金术师，寻找能将铜转变为金子的独特条件。一旦我们完全摆脱了意识有其特殊之处的想法，似乎就没有理由不将它等同于平凡日常的物理过程。意识可能不过就是质量和电荷这些物质世界中无处不在的物理属性。

　　基于此，帕皮诺认为意识可能存在于任何物理过程发生的地方。但是，我们不是有很好的科学依据来支持"意识在一些情况下会消失"的观点吗，比如在昏迷或是无梦睡眠中？当然，在深度睡眠的某些阶段，即使有意识也不能被记得。但是，不记得并不代表没有意识存在。

　　清醒时的经验能被记忆保存并且整天都能被唤起。我在每时每刻都能意识到自己经验的东西。当我被问及当天早些时候经验了什么，我可以轻易获取这些信息，至少能大致勾勒。这样一来，一个人清醒时的经验以记忆的形式紧密相连。如果你的经验突然变化，比如说，你突然发现自己置身于疾风骤雨的山顶上，会立刻注意到当前经验与之前经验的差别。

发生在梦里的事情，我们醒来时也能记得，但从这一刻到下一刻所经历的事情常常不那么被记忆紧密相连。前一秒回到高中上克拉克老师的法语课，下一秒就爬到了山顶却没留意到任何变化。记忆仍在记录梦境（否则我们就不会在醒时记得梦境了），但它不像在清醒时那样，能把每一刻的经验紧密连接成一个连贯的整体。

现在我们知道，在睡眠的"无梦"阶段也存在经验，但是这种经验是绝对没有记忆记录的。这一刻经历过的，下一刻就会被忘却。在这样的状态下，不可能叙述什么，只有一闪而过的图像形状，倏忽出现又消失。这让帕皮诺坚持他的观点，认为意识无处不在，甚至是我们以为无梦的睡眠中。

人们自然会怀疑从"你并不知道深度睡眠时是否有意识"到"深度睡眠时有意识"的过渡。我不确定夜晚有没有一个小精灵住在浴室里，每当门打开或灯亮起时它就会消失不见，但没有任何肯定性的理由相信小精灵存在，我会假定它不存在，这很明智。这就是奥卡姆剃刀（第二章讨论过）的作用，也就是我们应该相信与我们证据相一致的最小数量的实体。

但是帕皮诺这里的要点是：奥卡姆剃刀告诉我们不要相信除必要以外的实体。如果我们试图将这一原则应用到"无梦"睡眠中来排除经验存在，就表示我们把经验当作人脑物质过程以外的内容。这恰恰是帕皮诺所否认的。经验就是人脑的物理过程。有鉴于此，追求简洁性的理论驱力现在指向了相反路径：假设人脑过程在我们进入深度睡眠后仍然有经验，比起假设它们会在睡梦中改变本质、不再具有经验要更为简洁。这有点像我们之前为泛心论辩护的"简洁性论证"。有趣的是,帕皮诺从物理主义出发得出了同样的结论。

帕皮诺还提出了一个关于意识科学更普遍的观点。神经科学家费尽心机探究"意识的神经关联",即人脑过程与意识经验的关联。而帕皮诺认为,意识科学家不经意间走错了方向。他们并不是真正将注意力放在意识的神经关联上,而是放在了有记忆的意识的神经关联上,也就是能够被记忆记录的经验状态。他说道:

> 很容易认为我们的内省凝视是被某种内心之光所吸引。我们认为,我们可以触及某些状态而非其他状态,是因为它们发出了特殊的光亮。但这不是观察事物的唯一方式。打个比方,想一想电视上出现的一条条新闻。我们并不认为它们有区别于其他普通事件的光辉。它们不过是碰巧吸引了镜头注意的事件。同样,我们也没有理由认为我们的意识状态具有明显可区分的光泽。它们之所以呈现在面前就是因为我们能够触及它们,而不是因为意识有特殊的光泽。[14]

帕皮诺并没有尝试解释我们能够通过内省和记忆进入意识状态这一事实。他认为,意识不是某种发出特殊"光亮"的物理属性,而是某种极其普通、无所不在的物理属性,如同质量和电荷。一些意识状态可以通过记忆和内省来进行获得,另一些则不行,但是这并没有在本质上区分出一个基本的或者显著的区别。如果我们真的要去否认意识的特殊和神奇,就需要摆脱那种认为意识需要特定环境才能存在的想法。

组合心灵

到目前为止，我敢肯定你完全会认为泛心论是一个绝妙的理论，能以一己之力一劳永逸地解决意识问题。但是很抱歉，我所捍卫的观点还是有一些困难。最著名的挑战就是众所周知的"组合问题"（combination problem）。组合问题表现如下：如何从基本粒子这样的微小的意识事物过渡到像人脑这样大一些的意识事物？我们知道砖块是如何构成墙的，或者机械配件是如何组装成运转的汽车引擎的。但是我们不知道微小的心灵如何组成更大些的心灵。

这一泛心论问题最初是由19世纪[*]心理学家威廉·詹姆士（William James）提出的，他将泛心论称作"心尘理论"：

> 取来100种（感觉）……把它们打乱然后尽可能将它们紧密地打包（先不管这意味着什么）。每一种都保持为原来的样子，封闭在皮囊之下，没有窗户，不知道其他感觉是什么。如果一组或一系列这样的感觉设定好，那么属于这一组的意识应当会出现。那么就会有第101种这样的感觉，而且这是一个全新的事实；按照一种不寻常的物理

---

[*] 虽然最近对泛心论的兴起是由罗素和爱丁顿的研究引发的，但这一观点有着丰厚的历史底蕴，19世纪有点儿像它的全盛期。关于西方哲学中的泛心论历史更多信息，参见David Skrbina 的 *Panpsychism in the West*，还有斯坦福哲学百科全书中我和其他人编辑的 Panpsychism 词条。

学定律，这 100 种感觉汇聚在一起，可能是这第 101 种感觉产生的标志；但是，这 100 种感觉在实质上并不等同于这第 101 种感觉，人们永远不能从一者推断出另一者，也不能（在任何可理解的意义上）说谁是从谁那里演化出来的。[15]

如果你将一堆乐高积木按正确的方式排列，就会得到一座乐高塔。不需要为组成整体的部分添加更多内容。但是如果将 100 个微小意识黏合在一起，很难理解怎么会产生出超出 100 个微小意识心灵（其中每一个都是孤立存在的）的东西。我们如何理解这 100 个心灵混合或者说融合成一个统一的整体？詹姆士继续作出生动的类比：

挑选一个 12 个单词组成的句子，然后再找 12 个人，告诉他们每人一个单词。然后让他们站成一排，每个人尽情想象自己要说的词，但绝不会出现整句话的意识。我们常说"时代精神""人民意见"，并以各种方式将"公众观点"具体化。但我们知道这是一种象征性的言语，从来不会觉得精神、意见、观点能够构成一种意识，外在于并且附加在"时代""人民""公众"指称的那些个体上。私人心灵不会聚集成更高的复合心灵。[16]

解决组合问题是关键。毕竟，我们最终想解释的是人类意识，或者更普遍说是人类和非人类的动物意识。这种意识是我们的理论起点，意识科学的成败取决于能对这样的意识提出怎样的解释。物理主义者试图用脑的纯粹物理状态来解释动物意识，泛心论者尝试用意识粒子来解释动物意识。但如果后者不能做到比前者成功，那泛心论注定是失败的。

虽然这肯定是一个艰深的问题，但它还不能与物理主义面临的问题相提并论。物理主义者面临的挑战是如何弥合物理科学客观数量与意识经验主观性质之间的鸿沟。但正如我们在上一章看到的，这一项目并不前后连贯，而且我们在这方面进展甚微。

相较之下，组合问题更容易处理，这只是从简单主观性质到复杂主观性质的挑战。多数泛心论者承认我们目前还不能对此问题有完全满意的答案，但是，与物理主义的情况不一样，没有人担心这一项目的*逻辑连贯性*。*

虽然物理主义与泛心论都有需要弥合的鸿沟，但与物理主义者相比，泛心论者试图弥合的事物在本质上是同一类别的：

- 物理主义的鸿沟——位于物理科学的客观数量与意

---

* 有些人认为，当我们不关注意识而只关注有意识的事物时，组合问题尤其具有挑战性。也许我们可以理解简单形式的意识组合为复杂形式的意识。但是从这一观点来看，特别难理解的是许多有意识的心灵组合形成超意识心灵（überconscious mind）。事实上，萨姆·科尔曼在他的文章 The Real Combination Problem 中指出，我们无法对心灵组合形成前后连贯的理解。然而，这两种思考组合问题方式的分道而行有些奇怪。在缺乏有意识的心灵的情况下，不可能有什么它经验到的四处飘荡着的感觉，就好比在没有物体的情况下，不可能有属于它的四处飘荡着的形状。经验的存在必然包含着经验者的存在（就像形状的存在必然包含着有形状物体的存在）。因此，如果我们能够（用微观层面的意识的事实）解释复杂的、宏观层面形式的意识，那我们也就（用微观层面的意识的事实）解释了复杂的、宏观层面的有意识的心灵。我认为我们接下来要研究的理论似乎有可能实现前者，我们可以据此判断，它们也有可能实现后者。在我的学术性著作《意识与基本实在》中，有更多关于组合问题的细节，包括对科尔曼论证的回应。

识的主观性质之间。

- **泛心论的鸿沟**——位于假定存在于微观层面的简单主观性质与我们确知存在于人类、动物脑中的复杂主观性质之间。

有些人对泛心论不屑一顾，就因为组合问题还没有解决。在我看来，这有点像1859年时人们以《物种起源》没有包含人类眼睛演化的完整历史为由拒绝达尔文主义。达尔文基于自然选择的演化论是一个博大的理论框架，已经用了数十年来填充细节，未来还有很长的路要走。同样，罗素和爱丁顿提出的解释意识的宽广的理论框架也需要数十年的跨学科合作来填补细节。我们在解决意识问题的物理主义进路上已经投入了大量时间和金钱，但是解决组合问题的方案才刚刚开始进行。

试图解决组合问题是当前泛心论者研究的主要关注点，现在已经有了一些富有前景的计划。接下来，我将介绍两种主要的研究路径。

裂脑

一个人的意识生活是深层统一的。我当下的经验有诸多层面——面前笔记本电脑的视觉经验、咖啡的香气、隔壁公寓一对夫妇争吵的声音——但这些都是由一个称作"我"的单一主体经验到的。我闻到的咖啡香气并不是发生在心灵中的一块孤立的"区域"，与隔壁夫妇的争吵声相分离。相反，我对这些不同层面有统一的体验。或者至少，事情看起来如此。

这种心灵的深层统一性和其他证据让笛卡尔确信，心灵不可能是一个物质实体。笛卡尔认为，像身体一样的物质事物总是能被分割，但是分割心灵的说法好像毫无意义：

> ……身体在本质上是可以分割的，而心灵则完全不行。因为当我思考心灵，或我仅仅作为一个能思之物时，我不能区分我自己的任何部分，我知道我自己是绝对单一和完整的。虽然整个心灵与整个身体都联系在一起，但我知道，如果我的一只脚、一只胳膊或身体任何部分被切掉，我的心灵都毫发无损。至于意志、理解和感官等能力，这些都不能被称为心灵的部分，因为它们是与心灵同一的意志、理解和感官……这一论点足以向我展示，心灵完全不同于身体，即使我还没有从其他方面了解更多。[17]

笛卡尔的描述当然反映了"从内部"看事物是什么样子。似乎只有一个基于他的思想去看、去听、去思考、去说话的"我"。然而，20世纪罗杰·斯佩里（Roger Sperry）进行的开拓性实验（斯佩里在1981年因此获得诺贝尔奖）揭示出，与自我的感觉相关的很多核心功能是在人脑众多非常不同的区域中执行的。[18]例如，语言控制中心位于左半脑，识别人脸能力位于右半脑。此外，斯佩里的发现基于的是他对某些罕见个体的研究，这些能力在这些个体身上被奇怪地分割了。

人脑的主要部分是大脑，由两个部分（或称半球）组成。

左半球控制身体的右部分并且接收右侧的视野信息，而右半球控制身体的左部分并且接收左边的视野信息。对多数人而言，来自两个半脑的信息通过联结两个半脑的胼胝体自由共享。但是，有一种治疗严重癫痫的外科手术会涉及切断胼胝体，从而使两个半脑无法交流。这些人被通俗地称作拥有一颗"裂脑"。

斯佩里还有他的同事们进行了一系列涉及裂脑病人的实验。他们的发现非同寻常。其中一个实验室是只向半侧脑提供视觉信息。正常情况下我们的眼睛会不停四处扫视，意味着环境中的物体会依次进入左侧和右侧视野。为避免这种情况，病人被要求只盯着计算机显示器中心一个点，这样左边屏幕将只对病人右半脑（记住，它接收左侧视觉区域）可见，而右侧屏幕只对病人左半脑（接收右侧视觉区域）可见。如果一幅图像出现在屏幕的右侧——比如一架钢琴——那么病人将能够说出出现物体的名字。但如果一幅图像出现在左侧区域——比如一个铃铛——病人会说什么也没看到。为什么会这样呢？如斯佩里通过这些实验所证实的那样，是因为人的语言中心位于左半脑，而左半脑并没有"看到"铃铛的图像。

这是否意味着被试者真的没有看到铃铛？考虑到被试者是这样报告的，这当然是很自然的假设。然而，如果病人只是被要求用左手（由右半脑控制）画图时，她画出的是铃铛！似乎是右半脑经验到了铃铛的图像，而左半脑没有。更奇怪的是，让左半脑看到画出的铃铛，再问病人为什么画铃铛时，他会构想出一些貌似合理的解释，比如"钢琴的图案让我想起了音乐，而铃铛是有乐感的"。控制语言的左半脑似乎是在胡思乱想，试图理解一个无法解释的行为事实。

另一项由斯佩里的同事迈克尔·加扎尼加（Michael Gazzaniga）进行的实验，涉及16世纪艺术家朱塞佩·阿钦博尔多（Giuseppe Arcimboldo）的画作，该作家以借助各种物体如水果、花朵、肉和书等描绘人脸闻名于世。[19] 加扎尼加在裂脑被试者面前放了两个按钮，其中一个表示他们看到的是人脸，按下另一个按钮表示他们看到的是水果（或者书或任何阿钦博尔多用来画成脸的东西）。当阿钦博尔多的画作出现在左边视野时（右半脑看到图画），被试者就会按下表示"脸"的按钮。但是，当画作呈现在右侧视野时（这样一来就是左半脑看到图画），病人只会按下"水果"按钮，意味着脸对他来说是看不到的。表明识别人脸的能力位于人脑右侧。

这究竟是怎么回事呢？乍看之下，我们的人脑中似乎有两个有意识的心灵。位于左半脑的"心灵"负责言语，但无法识别面孔，位于右半脑的"心灵"能够识别面孔，但却是哑巴。泛心论哲学家卢克·鲁洛夫斯（Luke Roelofs）目前是德国波鸿大学（Bochum University）的一名研究员，他认为裂脑病例可能会为解决心灵组合问题提供关键的洞见。[20] 切断胼胝体似乎导致了心灵的去组合（de-combination）：曾经单一统一的心灵，现在成为两个独立的意识主体。果然如此的话，我们也许可以想象导致去组合的反向因素，推断出心灵的组合需要什么条件。这样一来，裂脑病例就能为我们处理心灵组合问题提供经验上的方法。

此外，鲁洛夫斯在裂脑病例中找到了一种重新构想组合问题的方式。鲁洛夫斯并没有将裂脑患者看做一个头盖骨中的两个心灵，而是将其视作拥有不统一意识的单一个体。现在，你正在沉浸于统一的意识经验当中：你对这些词语的视觉经验，你对周围声音的听觉经验，你身体下方椅子的触觉经验，这些都被整合到单一完整的经验当中。相比之下，虽然裂脑患者的左半脑有视觉经验（例如钢琴的图像），右半脑也有视觉经验（例如铃铛的图像），但是他却不能享受一个涵盖两者的单一统一的经验（钢琴＋铃铛）。裂脑患者的意识是碎片式的。

一个有着正常统一意识的人来说，不可能想象意识不统一是什么感觉。我永远不知道成为一只蝙蝠是什么感觉，因为我无法采取蝙蝠的视角。同样，我也完全不能知晓裂脑者的感受，因为我无法采取意识支离破碎的视角。尽管如此，意识不统一的观念并非自相矛盾，总的来说，这可能是描述裂脑病例这一特例的最佳方式。

虽然裂脑患者的意识分成了两个部分，但这两个孤立的经验仍然是深层统一的。包括颜色、形状、深度感知等等在内的左半脑所有意识都是统一在一起的，右半脑也是如此。但我们可以想象，每个半脑的同一性能够进一步瓦解，瓦解成越来越小的一块块分离的经验。假定泛心论是正确的，如果将这一过程继续进行，我们就能得到组成人脑的粒子的意识，最终就是一个完全去组合的意识。反向进行，就能将心灵组合起来。

什么样的人脑的意识根本不统一呢？我们可以大致想象尸体的人脑。对泛心论者而言，在一个死亡人脑中仍然存在意识，因为组成它的每一个基本粒子都是有意识的。但是因为不能存活，在其中进行的认知过程，也就是粒子的意识，不能结合成单一统一的经验。为了解决组合问题，我们只需要弄清楚在活着的人脑中发生了什么，从而将原本孤立的粒子经验统一到一起。

———

大多数泛心论者认为组合问题是这样的：

>你如何从粒子意识过渡到由这些粒子组成的人脑意识？

鲁洛夫斯将组合问题重构为：

>你如何从意识完全不统一的人脑（即意识分裂为一个个孤立的粒子大小的区域）过渡到意识统一的人脑？

正是对这一问题的重构奠定了理论进步的基础。粒子意识如何变成人脑意识这个棘手的问题，转变成了可处理的不统一的人脑如何变成统一的人脑的问题。这一问题尚未解决，但前进的道路已经敞开。这可能是人脑认知研究中信息处理和环境表征的统一认知目标，将不统一的意识集中到经验状态的统一。研究目前还处于起步阶段，但是这一研究路径可能最终能够解决组合问题。

量子纠缠有助于理解心灵组合吗？

爱因斯坦从不喜欢量子力学。当然，他自己的相对论本身就很怪异，最为人所知的是相对论对时间本质的阐释。但爱因斯坦就是无法接受量子力学的怪异。很多人都听过爱因斯坦的名言"上帝不掷色子"，他用它来表达对量子力学概率性本质的不满。让他恼火的不只是随机性，叠加态（第二章曾讨论过）的概念同样让他无法忍受：粒子没有确定的位置和速度，而是以多种位置和速度的叠加状态存在，直到我们对它进行观测。尽管量子力学在实验上取得了巨大的成功，但爱因斯坦并不认为它描述了全部实在。他渴望找到一种能够补充量子力学的理论，能够告诉我们即使在我们不观测粒子的时候，它们同样拥有确定的速度和位置。

爱因斯坦尝试了许多方法来证明量子理论的缺陷。最著名的是在 1935 年与同事鲍里斯·波多尔斯基（Boris Podolsky）和纳森·罗森（Nathan Rosen）共同提出的挑战，也就是以他们首字母命名的"EPR 论证"。EPR 论证试图证明不同粒子的属性可以通过某种方式相关联。例如，我们可以设定这样一个情形，将一个粒子分成两个等质量粒子，以同等速率朝相反的两个方向发射出去。我们知道在这种情况下，只要粒子在行进路径上不被打断，将继续以同样的速率运行。或者按照量子力学，我们能够说两个粒子在被观测时有着同样的速率，如同被观测前处在不同速度的叠加态中一样。

关键在于，我们不需要观测两个粒子从而使得它们由叠加态转变为确定的速度。鉴于它们的速度是彼此相关的，如果我们测量其中一个——称其为 X，具有确定的速率 S，那我们能由此推断另一粒子——称之为 Y 也会拥有速率 S。就好像是观测粒子 X 致使 X 具有速率 S，将会即刻影响粒子 Y，使 Y 同样具有速率 S。爱因斯坦、波多尔斯基和罗森意识到，两个粒子即使相距甚远至数百万光年，之间仍存在神秘的相关性。但是按照相对论，没有什么比光速更快，因而在这样的情形下，X 需要花数百万年才能影响 Y（反之亦然）。

EPR 论证的结论是什么呢？假设 X 和 Y 在数千年的分离过程中未被观测，直至银河系的两端。再假设我此时测量到 X 的速率为 S，那么我就可以知道 Y 也会有相应的速率 S。但是鉴于 Y 如此遥远，因而不可能是我的观测影响了它或者是两个粒子之间有过信息交流。EPR 论证最后总结得出，从我们将其分割开的那一刻起，X 和 Y 必然是一直以速率 S 行进。按照量子力学，我们无法在观测前知晓它们的运动速度，但按照 EPR，这反而说明量子力学是一个不完备的理论。

量子力学的支持者们并没有被说服。如果最成功的科学理论无法在观测前告诉我们粒子的确定速度，那么相信它们在观测前具有确定的速度就是荒谬不经的。我们只需接受，两个粒子之间的关联是这样的：当其中一个粒子达到一定速度时，另一个粒子也会瞬时达到同样的速度。这种关系是后来被称作"量子纠缠"的状态的实例，技术上量子纠缠被定义为这样一种情况：对一个粒子量子状态的描述不能独立于另一个粒子的量子状态。

三十年多来，双方看起来更像是基于信仰来坚持各自的立场，似乎无法解决争论。爱因斯坦及其支持者们绝不相信粒子之间的关系能够如此诡谲，而争论另一方则不加质疑地接受了量子力学。似乎没有办法能够验证孰真孰假。毕竟，量子力学告诉我们，粒子在被观测的那一刻就不再处于叠加态。那么我们如何能在费尽心机观测之前知晓粒子是否有确定的速度呢？

到1964年，爱因斯坦逝世近十年之后，物理学家约翰·贝尔（John Bell）灵光乍现，意识到有一种方法可以验证争论双方谁是正确的。贝尔的洞见非常精彩，它真正证明了深入思考在科学研究中的重要性。20世纪70年代早期，我们研制出了执行贝尔实验的技术。结果量子理论获胜，EPR论证是站不住脚的。从此以后，尽管量子纠缠听起来匪夷所思，却成为现代科学中得到最坚实的事实之一。不同粒子之间即使遥距数光年，也能如一体般行动。*

在下一节中，我将试着解释贝尔实验。如果你已经就此相信我，相信量子纠缠的证据非常可靠，就可以直接跳到"回到组合问题"这一节。

贝尔实验

爱因斯坦、波多尔斯基和罗森的思想实验聚焦于粒子的速度。物理学家大卫·玻姆（David Bohm）证实，针对被称为

---

* 量子力学中有一种解释叫做玻姆力学，与贝尔的发现一致，但是否认存在叠加态。在解释了纠缠和组合问题的联系之后，我会进一步说明玻姆力学在讨论中的作用。

"自旋"的粒子属性，我们可以进行类似的实验。从 20 世纪 20 年代开始，物理学家就知道粒子会绕轴旋转，不过并不是你想象的那样如同篮球在球员指尖旋转。首先，与宏观尺度不同，我们能够同时测量的粒子进行自旋的轴不超过一个。事实上，选择测量哪个轴似乎就决定了粒子旋转的轴。选择你中意的任意一个轴，就会发现粒子沿着这个轴以或"上"或"下"两个方向旋转。

我们不需要太过纠结自旋的奇特。对我们而言，最重要的是量子力学告诉我们粒子的自旋能够纠缠，如果我们有两个粒子 X 和 Y，测得 X 绕某个轴的自旋结果是向上的，那么我们就知道 Y 绕这个轴的自旋一定是向下的。（注意，在之前的例子中，纠缠粒子的属性总是相同的，而这个例子中的纠缠粒子属性总是相反的。）

在大卫·玻姆研究基础上，贝尔设想了下面的实验。我们将两个纠缠粒子以相反方向发送到相距很远的两台仪器上。设置这些仪器是为了测量粒子围绕三个轴中的一个进行的自旋，三个轴之间相隔 120 度。当粒子到达仪器时，仪器随机选择三个轴中的一个进行测量。如果这两台仪器选择了相同的轴，其中一台测量到它这边的粒子向上，我们就可以推断另一台仪器的结果一定是向下。这个实验已经重复了很多次。

这里有一个关键问题：仪器测量到两个粒子具有相同自旋的几率有多高？我们不在此讨论数学的复杂性，但量子理论的方程告诉我们，仪器将记录到 50% 的相同自旋。贝尔意识到，爱因斯坦、波多尔斯基和罗森的假设会给出不同的解释。没有人否认这两个粒子的自旋属性是相关的：如果 X 被测量到是绕给定轴自旋向上，那么 Y 一定是绕同一轴自旋向下的（反之亦然）。但爱因斯坦、波多尔斯基和罗森认为，当两粒子处在一起时，这种相关性就已经确定了（他们不认为这种相关性在测量时才被给定，因为那时粒子间相距甚远，无法在彼此间传递信号）。有了这一假设，我们就可以计算出两个粒子的不同自旋组合。以下是两种可能的组合：

· 第一种可能组合：X 在第一、第三轴自旋向上，在第二轴自旋向下，而 Y 在第一、第三周自旋向下，在第二轴自旋向上。

· 第二种可能组合：X 在三个轴上都是自旋向上，而 Y 在三个轴上都自旋向下。

还有许多其他的可能组合，如果你时间宽裕，可以都自行计算出来。

对于每个可能的组合，我们可以考虑对测量轴的不同随机选择，然后根据每个可能的选择计算出粒子的自旋是否匹配。例如就上述第一种可能组合来说，有两种可能的结果：

· 两个粒子都沿第一轴测量，在这种情况下，它们的测量结果是不同的自旋。

· X 沿第一轴而 Y 沿第二轴进行测量，这种情况下，它们会有同样的自旋。

同样，如果有时间，可以算出所有可能结果。这样做的话你就会发现，粒子被测量到有相同的自旋的可能性要稍微高一些。

因而，两种不同的假设会有不同的预测：

- 量子理论预测两台机器将有 50% 的次数会测量到相同的自旋。
- 而 EPR 的假设则预测会有超过 50% 的次数测量到相同的自旋。

而前一种预测已经被实验证实。

回到组合问题

人们通常认为物质世界是由微小的事物构成的。这导致许多人认可一种我称之为"乐高积木"式的实在观：将很多微小事物——通常而言就是基本粒子——黏合在一起，就能得到大一些的事物。如果我们想再加上一个"主义"，可以将这种观点称作"微观还原主义"。按照微观还原主义，自然界的广袤丰饶和各种其他本质，都能还原为基本粒子的属性及其排列组合。从桌椅到行星、恒星，都不过是微观尺度粒子的复杂排列。

借助 18 至 19 世纪物理学家皮埃尔-西蒙·拉普拉斯（Pierre-Simon Laplace）提出的一个形象的思想实验，我们也许能够让微观还原论更加生动：

> 我们可以把宇宙现在的状态看作它过去的结果和未来的原因。一个智者在某一刻能知道所有催动自然的力、所有构成自然成分的位置，如果这一智者同样能够分析这些数据，那他运用一个公式就能知晓至大的宇宙和至微的原子；对于这样的智者而言，没有什么是不确定的，未来就像过去一样铺陈面前。[21]

我不知道具体什么原因，但上述篇章推测的超级智能现在已被称作"拉普拉斯妖"（Laplace's demon）。无论如何，拉普拉斯的思想实验不仅生动表现了因果决定论（宇宙中发生的一切都是先前事件因果决定的），而且同样阐明了微观还原主义的思想。拉普拉斯相信，仅仅通过了解物理世界中最基本的组成部分及其相互关系，拉普拉斯妖就能解决现实中的所有其他问题。它知道例如 1966 年的世界杯冠军花落谁家、玛丽·塞莱斯特号上发生了什么，*连戈壁沙漠中有多少粒沙子也不例外。

许多人在提出泛心论组合问题时，心里都怀揣着微观还原主义，这会假设我的人脑不过是由粒子通过复杂配置组合而成的，因此，如果泛心论是正确的，我的人脑的意识肯定也不过是组成它的粒子的意识。像卢克·鲁洛夫斯这样的泛心论者就尝试在微观还原主义进路下解决组合问题，他们认为，如果拉

---

* 玛丽·塞莱斯特号（Mary Celeste）是 1872 年于大西洋上被发现的一艘空无一人的船只，其功能完好，但船长、船员、乘客下落不明。——编者注

普拉斯妖能知道所有组成我人脑的粒子的意识以及彼此间的关系，就能够推断出我的意识是什么样子。我们可以把这种路径称作"还原式泛心论"。

许多人认为微观还原主义是有科学依据的，这里的科学可能更多是指 19 世纪经典物理学意义上的。然而，随着 20 世纪 70 年代量子纠缠被实验证实，我们有充分的理由认为，微观还原主义在我们的时代是错误的。支配系统——这个系统由处于叠加态的纠缠粒子组成——行为的方程支配了整个系统而不是各个部分。即便拉普拉斯妖知道每一粒子的全部事实，它仍不可能知晓作为一个整体系统的所有信息。纠缠粒子的系统要大于它各部分的总和。*

虽然很少有人否认量子纠缠的实在性，但还是有人认为微观还原主义在化学和生物水平上是成立的。但这种广泛流行的观念是否得到了观测的支持尚不明确。碰巧我所在的杜伦大学（University of Durham）有两位从事科学哲学研究的同事是微观还原主义的激烈反对者。罗宾·亨德里（Robin Hendry）提出一个强有力的经验性案例反对将化学还原为物理学。[22] 亨德里认为，拉普拉斯妖甚至都无法搞清楚化学定律。南希·卡特赖特（Nancy Cartwright）在她的《物理定律是如何撒谎的》（*How the Laws of Physics Lie*）一书中指出，科学家普遍地太急于从高度控制的实验和实验环境中概括出关于物质的科学发

---

* 在量子力学的玻姆解释中，粒子形成的整体不会大于各部分之和。然而，玻姆力学同时假定了粒子和类波实体，而后者不能简化为微观层面实体的事实。所以，即使从玻姆观点来看，我们也并非生活在一个微观还原论就能解释全部实在的世界。

现。即使微观还原主义在实验室条件研究中的许多极简单系统中是正确的，也不意味着它在高度复杂的生物系统中同样是正确的。总而言之，卡特赖特认为，经验证据支持的是一个混乱的"拼凑的"世界，而不同的复杂系统都有自己独特的涌现性因果能力。

在任何科学范式中，都有一些以证据为基础的信念，也有一些被视为时代精神而接受的教条。我觉得对微观还原主义的信念很可能属于后者。它们是许多科学家想当然的事情，然而还没有同行评议的科学论文能够证明它们，"微观还原主义适用于人脑这种复杂系统"就是这样的例子。

这就提出一个问题：我们知道微观还原主义在量子层面上是错误的，而我们又没有很好地理由认为它在其他层面上是正确的，那我们为什么还要被裹挟在微观还原主义之下去解决组合问题呢？实际上，还有一些被称作"涌现论"的泛心论者就拒斥了微观还原主义的假设。在这一进路的泛心论看来，人脑中的意识系统如同纠缠系统一样，整体大于部分之和。涌现式泛心论者试图解决组合问题时，并非去尝试理解许多微小意识实体如何"堆积"成一个更大的意识，而是去探索自然界中能够催生出涌现性整体的基本原则，还是那句话，复杂系统要大于部分之和。

涌现式泛心论者的领军人物之一是赫达·哈塞尔·默克（Hedda Hassel Mørch），目前是奥斯陆大学（University of Oslo）的研究员。[23] 默克区分了两种形式的涌现：内在的和外在。外在涌现指的是新的行为形式或因果能力的涌现。正如南希·卡特赖特的观点那样，生物系统的因果能力不能完全用它各部分的因果能力进行解释，这就是外在涌现的一个例子。相较之下，内在涌现是意识内在本质新形式的涌现，它可能有独特的行为表现，也可能没有。即使在宏观层面上一个复杂系统的内在本质中包含着基本粒子所没有的意识涌现形式，其行为仍可能完全从基本物理定律中预测出来。按照涌现式泛心论，心灵组合是一种内在涌现形式。

默克的研究试图将涌现式泛心论同意识的信息整合理论（简称 IIT，在第二章曾讨论过）结合起来。涌现论者并不是要把复杂系统分析成其组成部分，而是试图勾勒出复杂系统作为涌现出来的整体的特征。在 IIT 语境下，有三个极为相关的特征：

信息

本书包含相当多的信息。起码它已经告诉你当代意识哲学中一些代表性的观点。但是本书还有许多信息涉及书自身以外的东西，例如，爱因斯坦和爱丁顿并不是真的出现在书页当中。此外，这本书包含信息这一事实，依赖于人类语言惯例，脱离开英文的惯例，本书包含的词语就失去了意义。

与此不同，正如默克在她研究中解释的那样，IIT 感兴趣的是一个系统所包含的关乎自身的信息，而这是独立于人类的惯例的。[24] 信息在这个意义上指的是系统在多大程度上限定自身过去和未来的可能性。人脑拥有大量的信息，因为人脑在紧邻的过去和未来中，与（在任何给定时刻的）当前状态相匹配的可能状态相对较少。相比之下，眼睛视网膜拥有的信息较少，是因为在任何给定时刻，视网膜在紧邻的未来有大量可能状态，这取决于它从外部环境接收到的感官刺激。

整合

整合是对复杂系统中有多少信息依赖于系统各部分之间内在关联的度量。默克再次使用了人脑和书籍的类比。除了关联性（依赖于人类惯例）以外，本书中的信息并不是非常整合的。如果你从书中撕掉任何一页（但愿你不会），不会因此毁掉任何信息。这本书的其余部分加上缺失的那一页所包含的信息与原书一样。即使你把书撕成两半，你得到的两半书中的每一半也都包含原书所包含的一半信息。

人脑就相当不同了。每个神经元都与约 1 万多个其他神经元相连，而人脑的信息结构高度依赖于这些复杂的连接。如果你切断人脑某处连接，或者把人脑切半，大量的信息就会丢失。这就标志出计算机和人脑之间的重要区别。原则上，计算机可以包含和人脑一样多的信息，但信息程度并不是完全由连接性决定的。当今的计算机是具有前馈连接[*]的模块化系统，每个晶体管只与几个其他晶体管相连。由于这一原因，将系统的某一部分从其他部分分离出来就如同撕掉一页书一样，不会大量减少其信息内容。

---

[*] 前馈连接一般出现在人工智能领域语境中，即前馈神经网络（feedforward neural network），在这里每一个层级的单元只接收来自上一个层级单元的信息而不会反馈信息。——编者注

最大值

几乎所有事物都包含着一些信息整合。但是 IIT 并不认为所有事物都具有意识。它不会说海滩上随机收集的鹅卵石有自己的意识。按照 IIT，当它是信息整合的最大值时，一个系统才是有意识的，我们可以对最大值作如下界定：

满足以下两条规则，系统 S 就是信息整合的最大值：

- 没有下行超越：S 中没有一个严格意义上的部分比它拥有更多的信息整合。
- 没有上行超越：S 不是一个比它拥有更多信息整合的东西严格意义上的一部分。

我们可以通过一些具体例子来说明：

- 上行超越的例子：每个神经元有相当多的信息整合。然而，单个神经元并不是信息整合的最大值，因为它被上行超越：包含它的人脑拥有比神经元本身更多的信息整合。
- 下行超越的例子：人类社会由于复杂的社会连接而具有大量信息整合，然而，社会并不是整合的最大值，因为它被下行超越：人类构成社会，他们的人脑拥有比整个社会多得多的信息整合。

人脑似乎是信息整合的最大值，因为它既不包含也不被包含在更高层次的信息整合当中。话虽如此，应当看到互联网前所未有地增加了人类社会的连接。平均任意两个脸书用户之间只隔着另外 3.57 个用户。较近发展的网络科学理论为描述这种连接的激增提供了丰富的资源。如果 IIT 是可靠的，那么我们似乎应该警惕社会连接的增长。因为按照 IIT 的预测，如果基于互联网的连接的增长最终导致社会的信息整合超过人脑的信息整合，那么不仅社会将变得有意识，同时人脑也会被"吸收"进入更高层级的意识形式当中。人脑将不再有自己的意识，而是成为一种超级意识实体——一个包含着它基于互联网的连接的社会——的齿轮。

不管怎样，这一异象奇怪地让人想起了天主教异端神父、古生物学家德日进（Pierre Teilhard Chardin）的预言。当一些教会成员对达尔文的理论犹豫不决时，德日进却在演化论中看到了宇宙演化的壮丽景象。他在演化历程中看到了三次大飞跃：生命的出现、意识的出现，最后是人类自我意识的出现。展望未来，他相信，下一次巨大飞跃将是全球人类社会连接水平的不断提高，从而产生一种新的生命和意识形式，他称之为"智能圈"（noosphere）。[25]

无论如何，我们人脑中的高度信息整合意味着短期内我们还不必杞人忧天。当下的兴趣应该放在另一个问题上：最大信息整合的出现，可能是涌现意识的标志。这是默克在罗素-爱丁顿泛心论语境中进行的探索。

涌现式泛心论的独特之处在于，它并没有试图从更为基本的意识形式来分析人类和动物的意识。相反，涌现式泛心论只是假定了自然的基本规律，可能就是 IIT 所说的那些原则，更高层次的意识借此得以存在。一些哲学家混淆了涌现式泛心论与二元论，兴许是因为两种理论都试图探寻人类意识产生涉及的自然基本规律。但二者有一个关键的区别：二元论的"心理-物理定律"（见第二章）将人脑中的物理事件与非物质心灵中的非物理事件联系起来。如第二章曾指出的那样，这一观点的问题在于，神经科学中并没有迹象表明物质和非物质之间能够交互。与此相反，涌现式泛心论者诉诸的自然基本规律将人脑微观层面的意识过程与人脑宏观层面的意识过程联系起来了。就我们目前对人脑的认识而言，还没有经验依据来怀疑人脑不同层级是由基本规律调节的。事实上正如默克指出的那样，内在涌现可能并不会有明显的行为表现。*

哪一个困难问题是最困难的？

还原论和涌现论，这两种研究路径中哪一个更有前景呢？还原论方案在理论基础方面还有大量的工作要做。具体而言，

---

* 在第二章的第一条脚注中，我简要地讨论了属性二元论，该观点认为意识是人脑的非物理属性（而不是非物质灵魂）。涌现式泛心论之于上述观点有什么优势呢？在我看来，属性二元论可以说面临着全部传统实体二元论（认同非物质心灵）面临的困境，因为神经科学没有显示出非物理属性有丝毫因果效应。涌现式泛心论认为宏观层面的意识形式是宏观层面人脑状态的内在本质，因此人脑状态的可观察行为可以等同于宏观层面的意识行为，从而避免这些担忧。更熟悉学术文献的人知道，对身心交互问题的担忧围绕着过度决定的威胁：行为最终可能有多个充分原因。默克认为，在涌现情况下，涌现的整体（而非微观层面的部分）是行为的根本原因，从而避免了过度决定的问题。我倾向于认为我们对人脑了解还有限，无法完全排除一种可能：涌现的整体和微观的部分都为决定行为做出了一部分贡献。

还原式泛心论对于复杂意识如何从简单意识形式中"架构"起来，并没有给出令人满意的解释。在这个问题上有过一些进展，但对于解决心灵组合问题还远远不够。我们习惯了物理学中理论物理学家与实验物理学家之间的区别；除非在组合问题上能取得更多进展，否则还原式泛心论在意识科学中的工作很大程度上将只能停留在理论这一块。

当然，并不是只有还原式泛心论面临这样的处境。正如我们之前所述，当前几乎所有意识理论都有重大的理论障碍需要克服，每一个都有自身的"困难问题"：

- 物理主义的困难问题：物理主义有必要去解释怎样用客观数量来说明主观性质。
- 二元论的困难问题：二元论者需要解释为何对人脑的实证研究没有显示出心—脑交互的迹象。
- 还原式泛心论的困难问题：还原式泛心论必须解决组合问题。*

我曾说过，还原式泛心论面临的是其中最不困难的"困难问题"。读者们可以自行决定是否同意这一点。

在所有意识理论当中，涌现式泛心论的理论问题最少。事实上，可以说这种理论面临的只是"简单"问题，也就是说，

---

* 我们还没有详细讨论过中立一元论者，他们面临的挑战是对所谓的"中立"（即既非物质也非心灵的物质内在本质）给出肯定的、非循环论的描述。例如，萨姆·科尔曼就指出，物质的内在本质由非经验的性质构成。在我的学术性著作《意识与基本实在》中，有更多讨论这些问题的细节，包括对科尔曼论证的回应。

对于这个问题我们原则上能够在经验层面上取得进展。*对涌现式泛心论者而言,是自然的基本规律将我们从微观层面的意识带到了涌现的复杂系统的意识。按照定义,自然的基本规律是不能被解释的——如果可以的话它们也就不是基本规律了——它们只能被描述。因此,涌现式泛心论者可以单刀直入地处理经验任务,尝试制定和检验各种能够连接低层级和高层级意识的基本规律候选项。

目前阶段,涌现式泛心论是最有可能产生实证进步的意识理论。话虽如此,如果解决组合问题的理论进展飞速,那我们很快就会有两种形式的泛心论可验证模型。

对于解决组合问题的还原式和涌现式两种进路谁更有希望,我存而不论。但我知道,二者都是充满活力的方案,我完全有信心问题会在未来几十年内取得进展。新一代的泛心论者如鲁洛夫斯、默克等人,有着当代意识科学中最敏锐的头脑。[†]姑且做一个预言:二十年内,认为泛心论可以当作"精神失常"而快速忽略的这种想法,自身会变得像是,精神失常。

后伽利略意识科学宣言

伽利略馈赠给我们的定量科学观念是非常成功的。科学家

---

* 当然,那些"简单"问题同样难得可怕。关于意识问题的难易之分,参见第二章。
† 虽说上一代人总体上信奉物理主义,但还是有一些领军人物对泛心论研究方案做出了可贵的贡献,包括盖伦·斯特劳森、威廉·西格尔(William Seager)、托马斯·内格尔、大卫·查默斯(虽然是正式的二元论者,但也认真对待泛心论)、还有戈德哈德·布伦鲁普(Godehard Brüntrup)。

们通过专注于数学所能捕获的东西,已经构建出自然的数学模型,后者具备了越来越强大的预测能力。这些模型使我们能以意想不到的方式操控自然界,从而产生非凡的技术。在我们所处的时代,人们为物理科学的成功骄傲,为技术的奇迹震撼,以至于认为物理的数学模型已经把握了全部实在。

但是伽利略的纯粹定量科学并不能捕捉到主观意识的定性实在。如果我们想要一个真正完备的实在理论,那我们必须直面当前科学范式的内在局限。这并不意味着摆脱物理科学,而是将物理科学纳入到一个更为广阔的"后伽利略"实在科学当中。后伽利略科学的目标是建立一个最为简洁的理论,它要能够同时解释物理科学的定量数据(从观测和实验中获知)和主观性质的实在(从我们自身经验的直接意识中获得)。

新一代理论家们已经认知到这项任务的必要性。在过去二十年间,意识从一个禁忌话题变为科学的"困难问题"。然而,意识的"困难问题"常常被简单理解为一个棘手的谜题,好像我们多研究些神经科学,这一谜题有一天就能解决。下一阶段,人们不再会把意识强行塞入我们已经从科学中获知的世界,而是将之作为一个认识论起点,就如同我们通过观测和实验获得的认识论起点一样。意识不是一个"谜",没有什么比意识更令我们熟悉了。神秘的恰恰是实在,解铃还须系铃人,我们关于意识的自我知识正是揭开神秘事物真面目的最佳线索之一。

这项新研究计划的基本着力点可以概括如下:

后伽利略宣言

· **意识的实在论**：主观意识的实在本身就是基本的数据，分量等同于观测和实验的数据。

· **经验主义**：观测和实验的定量数据和意识的定性数据同样是基础性的。

· **反二元论**：意识并不与物质世界相分离，而是位于物质世界的内在本质当中。

· **泛心论的方法论**：我们应该致力于用更基本的意识形式来解释人类和动物的意识，这些更基本的意识被假定作为物质的基本属性而存在。*

在这个统一的研究项目中有两个阵营：还原论和涌现论。它们当前的目标如下：

· **还原式泛心论**：通过给出如何从简单意识形式架构出复杂意识形式的一般解释，来解决组合问题。

· **涌现式泛心论**：构想和检验关于自然基本规律的理论，为更基本层级的意识如何涌现出高层级形式的意识奠基。

这些目标不会仅靠哲学家来实现，需要哲学家和物理学家

---

* 我认为前两个着力点是神圣不可侵犯的，后两个则可以灵活对待。中立一元论者如萨姆·科尔曼、汤姆·麦克莱兰、苏珊·施耐德与丹尼尔·斯图加认可前三条但不接受第四条。自然主义二元论者如大卫·查默斯、尼达-吕梅林认可前两条但不认同后两条。而我则乐于将它们全部都当作后伽利略革命的同志。

通力合作。正如我们用了一个世纪的时间在达尔文范式下研究 DNA 一样，我们也需要几十年甚至几个世纪的跨学科工作来填补罗素-爱丁顿泛心论。问题是，这一合作项目在当前科学范式中却被认为毫无意义，在当前范式看来，意识如果存在，必须用物理科学纯粹定量的语言进行解释。

意识问题不会在伽利略范式中得到解决。我们必须转向后伽利略范式，在这种范式中，意识数据和物理数据得到同等严肃的处理。我们需要的不亚于一场革命，而它已经整装待发。

专业性附录 B：为什么我们需要内在本质？

在前一章中，我谈到了物理科学只告诉我们"物质的行为"，并且认为物理科学正因此永远不可能告诉我们物质宇宙的完备真相，即便我们暂时将意识问题搁置一边。对此的常见反应是：

> 为什么要认为有比物质的行为更重要的东西呢？如果物理学只告诉我们物质的行为，那也许这就是物质的全部了，可能你一旦知道了电子的行为，也就知道了关于"电子是什么"的一切。

在这种哲学上被称作"因果结构主义"（causal structuralism）的观点看来，物理实体与其说是"存在"，不如说是"行动"。人们可能需要一定时间来适应因果结构主义，但是很多人都认为它是自洽的。

问题是,当我们说物理方程"告诉我们物质的行为"时,它实际上只是"物理方程是一种预测工具"的不严谨的说法。事实上,仔细思考后我们会发现,物理科学甚至没有告诉我们物质的行为。

让我们举一个简单的例子。两个物体的质量会在二者之间产生一种力,这种力在所有事物中普遍存在,使它们彼此相互吸引,缩小它们之间的距离。乍看之下,前面的陈述好像是在告诉我们质量的行为。但要真正理解质量的因果作用,我们还需要知道什么是"力",什么是"空间距离"。当然,在我们的实验和日常经验中都能识别这些概念的存在。但是物理方程并没有告诉我们这些现象的真实存在是什么。相反,他们是在用诸如"质量"这样的物理属性来描述我们一开始遇到的现象。换句话说,只有在我们知道了"力"和"距离"之后,才会理解类似"质量"和"电荷"的内在物理属性,因为后者是通过前者来定义的。他们不断规避难题,却从不解释任何物质是什么,甚至它们的行为。这就是对因果结构主义的循环论反诘(circularity objection)。

我们已经注意到,爱因斯坦对万有引力给出了更为深刻的解释,但他的解释中同样有着恶性循环。按照广义相对论,质量和时空处于相互作用的因果关系当中:质量扭曲时空,时空曲率反过来也会影响有质量物质的行为。那么质量是什么呢?对于因果结构主义者来说,当我们知道质量的行为(即它如何扭曲时空)时就知道了质量是什么。但要真正理解这种实在是什么,而不仅仅是能够作出准确预测,我们还需要知道时空曲率是什么。那什么是时空曲率呢?对因果结构主义者来说,只有当我们知道其行为时才知道时空曲率是什么,也就是理解它如何作用于有质量的物体。但只有知道质量是什么时才能做到这一点。我们就会发现自己处于一个经典的左右为难当中:只有我们知道时空曲率是什么才能理解质量的本质,但只有当我们知道质量是什么时才能理解时空曲率的本质。G. K. 切斯特顿(G. K. Chesterton)曾说:"我们不能靠给彼此做杂务来过活。"罗素在阐述对循环性的忧虑时就利用了这个观点:"有很多方法可以将迄今为止我们视作是真实的东西,偷换成关于其他东西的定律。显然,需要给这一过程设置一个界限,否则世界上的所有东西都将只是彼此的杂务。"[26]

正如我在本章主要部分强调的那样,我并不是要批评物理学本身,我们可以在经验中识别出物理属性——我可能不知道"距离"是什么,但我知道伦敦和利物浦之间的距离要短于伦敦和开罗之间的距离——并且通过应用物理方程,我们能够预测未来,这就是物理学的目标。但是如果我们想要的是关于实在的理论,而非预测工具,那么我们必须对我们理论所预设的属性给出非循环的描述。

因果结构主义者常常争辩说,循环论反诘是一种乞题(指的是你要证明的东西已经包含在你论证的前提当中),因为它假定,给定如质量等属性,我们必须脱离其他属性才能对它进行定义。而因果结构主义蕴含着一种整体主义,因而给定事物的本质不能孤立于其他事物得到理解。因此,要求脱离"时空曲率"来解释"质量",就已经预设了因果结构主义是错误的。如果因果结构主义是正确的,那么质量和时空曲率(还有其他一切)必须"全部在一瞬间"被定义。*

我同意,我们可以根据质量在因果关系——这种关系由整个物理属性的网络实现——的抽象模型中的位置,将镜头拉近,独特地确定它。但这样做并不能告诉我们质量的行为。按照因果结构主义,物理属性是通过其行为被定义的:它们对具体的物理世界产生的作用。因此,如果因果结构主义是正确的,为了知道一个物理属性的本质,我们需要知道这一属性的行为,而不仅仅是它在因果关系的抽象模型中的位置。

可能有些抽象了,让我们来举一个简单的例子。假设我们我们有三个火柴盒,我告诉你第一个火柴盒里有"SPLURGE",第二个火柴盒里有"BLURGE",第三个火柴盒里有"KURGE"。你会茫然问我:"真的吗?什么是 SPLURGE?"我回答说:"SPLURGE 是制作 BLURGE 的东西。"现在,只有你知道BLURGE 是什么,才能知道我的回答是什么意思,因此你自然会接着问道:"好吧,那什么是 BLURGE 呢?"我答道:"很简单,BLURGE 就是制作 KURGE 的东西。"同样,如果你不明白 KURGE 是什么也不会理解我的答案,所以你开始有些恼火了,接着问我:"那到底什么是 KURGE 呢??!!"我说:"KURGE 就是制作 SPLURGE 的东西。"

至此,如果你不愿意再继续跟我交流也很合情理。虽然通

---

* 这种整体主义的定义可以借助被称为"拉姆齐语句"的逻辑工具来完成。

过上面的讨论你知道了存在于 SPLURGE、BURGE、KURGE 之间的因果关系抽象模型，但它并没有告诉你任何它们的行为。同样，因果结构主义者对物理实在的描述也是如此，尽管方式更为复杂。如果因果结构主义者是正确的，那么在逻辑上就不可能理解任何物质做了什么，从而在逻辑上也就不可能理解任何物质是什么。我想，我的表述已经相当清晰了。

泛心论者通过给出物质内在本质的非循环论解释，规避了循环论反诘。给定一种主观经验，它的特征并不需要用经验之外的任何事物来定义。我现在承受的疼痛有着内在特征，我直接能够察觉到我的体验。我们无法将这种特征传达给那些没有此体验的人。但当你有了这种体验并因此把握了它的特性，就能对它涉及的内容有完整的理解。因此，泛心论者在原则上能够对诸如质量等物理属性的本质给出解释，而不用求诸其他物理属性从而陷入恶性循环或是无限倒退中。如果质量是一种意识形式，那么你在详细说明这种意识形式的特征时，也就详细说明了质量是什么。

还有一种反对循环论的路径。如果每个词都是用其他词来定义的，那么所有的定义最终都是循环的，语言永远无法超越自身。为了让意义得以延续，我们需要一些原初的概念，这些概念不能被其他概念所定义。物理科学的概念不是原初的，而是相互定义（inter-defined）的：质量由距离和力来描述，距离和力由其他现象来描述，直到我们又回到质量。与此相反，我们的意识概念是严格原初的：一种感觉只凭借自身而不用其他任何事物来定义。

并不是说这里没有任何问题，也不是说我们已经拥有合理的候选者来说明质量是何种意识形式（或者是其他任何基本物理属性）。尽管如此，仍然要说的是，泛心论并没有被缠绕着因果结构主义的循环论所困扰。

关于这个问题的最后一点：即使循环论反诘未能破坏因果结构主义的连贯性，罗素-爱丁顿关于物质具有内在本质的观点仍然是一个理论选项。如果物质具有内在本质，那么它可能就是意识的所在。这并不是什么一无是处的理论可能性。如果我们信服第二章和第三章中对二元论和物理主义的反驳，那么即便因果结构主义是一个融贯的观点，罗素-爱丁顿的意识研究方法也将同样具有蓬勃的活力。对因果结构主义的循环论反诘仅仅是提供了一个额外附加的支持。

第 5 章

意识与生命的意义

我一直对实在的终极本质充满好奇。好奇有好多形式，一些人对人文领域感兴趣：我们的历史、心理以及人类文化在不同时空呈现的多样方式；有些人对自然界的动植物着迷；有些人喜欢探究抽象的数字和集合；还有人乐于攻克难题，希望治疗癌症或者缓解城市中心拥堵；还有人喜欢关爱和创造美好事物。而让我夜不能寐的则是我们究竟寓居在什么样的实在当中。

一言以蔽之，我的热情浇筑在本体论上：研究实在的最普遍的形式。人们通常认为，能对此给出答案的只有物理学家。这可能也解释了为什么"本体论"这个词在哲学之外鲜为人知。为什么我们在物理学之外还需要一个新的词呢？正如我们前几章看到的那样，物理学压根不是在研究本体论。

本书的前四章都是在探究本体论。当然，我们永远也无法确切知道我们生活在其中的实在是什么样子。但我已经尝试论证泛心论是最有可能的假说。在我看来,《多重实在搭车客指南》中,我们世界的入口应该会标着这样一句话:"一个其内在本质是由意识构成的物理宇宙。值得一游。"[1]

我现在想做的是超越严格意义上的本体论,探究泛心论对人类的存在意味着什么。当我们在研究本体论时,我们不应该考虑我们最希望哪个观点是正确的,而应该考虑哪个观点最有可能是正确的。后者正是我在前面四个章节中所做的工作。然而,凑巧的是我不仅认为泛心论很有可能是正确的,相较于其他理论,它也是与人类福祉更一致的一种实在理论。

气候危机

自 1980 年以来,地球温度上升了 0.8 摄氏度,导致格陵兰冰盖融化达到前所未有的地步,并且导致海洋酸化。与 1986 年至 2008 年的平均水平相比,2015 年暴露在热浪中的人多了 1.75 亿,2007 年至 2016 年间与气象相关的灾害数量比 1990 年至 1999 年的平均水平增加了 46%。[2] 与气温持续上升带来的恐怖相比,这还不算什么。根据最近的预测,到本世纪末全球气温会上升 3.2°,[3] 让海平面持续上升,意味着目前居住着 1.75 亿人的城镇和乡村(包括香港、迈阿密在内)都会被淹没。

有海量科学证据表明,气候变暖主要是由人类活动造成的。对科学文献的调查一致发现,90% 以上的科学家相信气候变化是真实存在的,是人为造成的,大多数调查表示该共识度已经达到了 97%。[4] 而在公众心目中有一种看法,觉得人为因素造成气候变化并不是那么真实。这在很大程度上因为化石燃料行业的持续游说，其目的就是散播怀疑的种子。但还可能是由于公众未能认识到大多数人类知识的不确定性。许多人相信科学提供了"证实的事实"，在这一背景之下，任何程度的不确定性都会让一个假设"不科学"，变成一种推测，而不是得到证明的知识。

哲学能够帮助解决这个问题。大卫·休谟是哲学最伟大的怀疑者之一。虽然休谟没有质疑我们意识经验的实在性，但他认为根本无法证明意识经验对应于任何实在的东西，例如一张桌子的意识经验对应于外部世界实在的物理桌子。尽管如此，休谟认为怀疑论并不可怕：

> ……尽管一个（怀疑论哲学家）可能会因其深刻的推理使自己或其他人陷入短暂的惊诧与困惑中；但生活中一件最微不足道的小事就会让他的怀疑顾虑烟消云散，让他像那些从不关心任何哲学研究的人一样，如常行动思考……当他从睡梦中醒来，会首先自嘲并承认，他所有的异议都只是消遣，除了展示人类异想天开的天性外别无他图。[5]

换句话说，只要停止哲学思考继续生活，对外部世界的杞人忧天就会像晨雾一样消散。正如休谟所说："人性对规律而言太过强大了。"

如果我们能抛却烦恼、继续生活，那哲学怀疑论的争辩还有什么意义呢？休谟认为，这种反思的好处是，可以通过证据导向一种更健康的生活：

> 多数人持有的意见自然地倾向于肯定和教条；而尽管他们……对任何与之对立的论点一无所知，却急切投入到所倾向的规律当中；他们不会纵容那些心怀异见的人。犹豫或者平衡会使他们困顿，抑制他们的激情，妨碍他们的行动。因此，他们急欲逃离如此不安的状态。凭借肯定的激烈和信念的顽固，他们认为逃离多远都不够。但是，这些教条推理者们是否能意识到人类理解力即使在最完美状态下的奇特病症？……这样的反思自然会促使他们更加谦虚谨慎，减少对自身意见的沾沾自喜和对待不同意见者的偏见。[6]

这种对教条主义倾向的有说服力的描述在今天听起来仍然如此真实，令人震惊。我们生活在一个极化日趋严重的时代，人们为了逃避不确定性而愈加坚定自己的信念，以至于认为没有任何其他选项是可信的。这种固执与我们的日常观念相悖，因为即使是我们许多最基本的信念，比如相信外部世界存在或者宇宙的历史不止 5 分钟，也不是确凿无疑的。哲学教育的诸多价值之一就是教会了我们怀疑的重要性。[7]

这对气候变化的怀疑论调有什么帮助呢？有点悖论的是，治疗过度怀疑的方法是一种更为激进的怀疑。阴谋论是在人们期待确定性的背景下蓬勃发展的，因为这种期待提出一个永远无法被满足的要求。当一个人意识到几乎没有什么事情是确定的，包括他的脚是否存在都不那么肯定，他就会对低于100%的可能性感到舒适。如果你从"科学知识的核心是100%确定的"这一观点出发，那么某些只有97%科学家能够接受的东西看起来就很不可靠，并不能保证其真实性。但持怀疑论的哲学家知道，如果他一直等待确定性，他会因为害怕和一具哲学僵尸成为朋友而永远不会和他人结成有意义的关系。要真正理解人类的处境，就要认识到，不那么确定也足够让我们信任和参与其中。事实上，一个不确定的门槛常常足以要求人们的信任和实践参与。

我们倾向于认为，怀疑论哲学家在看到确定的真理之前会愤世嫉俗地保留信任。事实上，安于怀疑论的哲学家知道，我们对确定性要求太多了。科学家之间97%的共识度早已足够。

即使不考虑可疑的对人为造成气候变化的怀疑论调，我们对气候变化无所作为也是很奇怪的。在我的故乡英国，64%的人相信气候变化是真实存在的，而且主要是人类活动造成的。但采取行动的政治压力却很小。[8] 众多国际协定远未奏效。2015年的《巴黎协定》（The Paris Agreement）比之前所有协定都走得更远，196个国家签订了具体承诺，旨在将全球气温上升控制在2摄氏度以内，理想情况下是不要超过1.5摄氏度。[9] 问题是，根据"气候行动追踪"（Climate Action Tracker）的数据，世界上绝大多数国家甚至连2摄氏度的目标都远远没有实现。甚至在美国于2017年退出《巴黎协定》加剧这一失败之前，事情就已经注定了。

想象一下，明天我们发现一颗流星将在15年后撞击地球，并将造成我们已经知道的与气候变化相关的那种破坏。毫无疑问，各国政府会聚在一起看是否有办法来避免这场悲剧。如果有这样的措施——例如将陨石炸成碎片——那么可以打赌，会有大量的资源和政治意愿投入以实现这一项目。然而，当我们知道我们的星球即将遭受毁灭性的气温上升，也知道可以对之做些什么时，人类却未能恰当应对这个问题。

我们的哲学世界观应该对这样的无所作为承担一部分责任吗？作家、社会活动价娜奥米·克莱因（Naomi Klein）将责任归咎于身心二元论，或者用她的话来说："心灵和身体之间、身体和地球间腐蚀性的分离，科学革命和工业革命皆源于此。"[10] 二元论会将世界看作一种缺乏意识（正是这种意识让人类存在变得神圣）的机器，因而它是有待剥削而非崇敬的东西。克莱因特别指责科学家和哲学家弗朗西斯·培根（Francis Bacon）"说服英国精英一劳永逸地弃绝那种异教观念，即认为地球是生命母亲，我们应当尊重、敬畏并且接受她作为造物者的观念"。[11]

既然我们现在的科学范式是物理主义而非二元论，二元论又怎会成为问题呢？虽然物理主义大体上是科学共同体的官方路线，但它是否为大众普遍接受尚未明确。事实上，物理主义者大卫·帕皮诺曾有力指出，即使是那些认可物理主义的人，心理上也不可能完全相信意识经验就是人脑中的物理过程。[12] 人们倾向于把意识问题呈现为追问物理过程如何"产生"或是"制造"出意识经验，这是否暴露了其间隐秘的二元论？如果我们真的相信意识经验仅仅是神经生理过程，那么前者如何

"产生"后者就不再构成问题。正如我们第三章曾讨论过的，一个单一的事物无法产生其自身，因此如果我们去问人脑过程如何"产生"意识经验，这只能是因为我们在内心深处就把它们当成了有所区别的事物。

帕皮诺并不认为这一点削弱了物理主义的论证，尽管他认为这种心理是难以抗拒的。他只是将此当做人类特有的心理事实，人类会不由自主地进行二元论式思考。当我们的官方世界观认为生物系统是机械式的，我们多数人最终会相信意识可能真的是超越机械生物系统的事物。换句话说，我们最终都会成为隐秘的二元论者。

二元论造成的与自然不健康相处方式至少表现在两个方面。首先，它制造了一种分离感。二元论暗示着，作为非物质的心灵，我是一个完全不同于我所寓居的机械世界的事物。从本体论上讲，我和树木就没有任何共同之处。如果二元论为真，自然中没有真正的亲缘关系。其次，二元论暗示着自然本身没有任何价值。如果自然是完全机械的，那么它的价值就在于它能为我们做些什么，要么维系我们的生存，要么在我们感受它们时给予我们愉悦的经验。还有人担心，二元论思想会鼓励这样一种观点：自然是被利用的事物，而不是因其自身价值而被尊重的事物。

毫无疑问，在这样的世界观中，拥抱树木会被嘲笑为多愁善感的愚蠢行为。怎么会有人去拥抱一具机械呢？乍看之下，自然美妙多姿、生机勃勃，我们会在与自然的接触中情不自禁地这么认为。但我们的理智世界观告诉我们，自然不过是复杂的机械。对于这样构想的自然世界,我们很难感受到真正的温暖。

笛卡尔甚至认为动物也是一种机械,尽管当下很少有二元论者会同意。几乎所有人都认为许多非人类动物是有意识的。鉴于我们做不到真正接受物理主义,会倾向于认为动物的人脑过程也"产生"了意识。由于是有意识的生物,动物也会有内在价值(或至少是它们有意识的心灵如此)。但是在二元论世界观中,有意识的生物(包括我们人类和其他生物)彼此之间隔绝深远,寓居于这个没有感情的机械物质世界中。我们在参与到自然中时,会很自然地感受到统一且相互依赖的生态系统,但它与我们的二元论完全不吻合,只要我们把自然当成纯粹物质性的,就只能怀有这样的信念。

泛心论可能会改变我们与自然世界的关系。如果泛心论是正确的,那么雨林中就充满了意识。作为有意识的实体,树木自身就具有价值:砍倒树木直接就成了具有道德重要性的行为。此外,在泛心论世界观中,人类与自然世界有着紧密的联系:我们都是嵌入到一个充满意识的世界中的意识生物。

我们不会把他人当作事物,而是当作价值和目的的中心。当近距离接触时,能感受到他们的存在,我们会本能地将他们的行为理解为源自他们个体的能动性。想象一下,如果孩子们在成长过程中以同样的方式体验树木和植物,将植物的趋光行为视为对生命的渴望和有意识驱动,将树木视为感知的个体中心。对一个在泛心论世界观成长起来的孩子来说,拥抱一棵有意识的树木可能就像撸猫一样再自然不过。很难预先判断这种文化变化带来的影响，但有理由假设，在泛心论文化中成长起来的孩子与自然的关系会更紧密，并为其持存倾注更多的价值。

事实上，除了本书所包含的泛心论论点之外，现在有越来越多的证据表明植物拥有复杂的精神生活。位于珀斯的西澳大利亚大学（University of Western Australia）副教授莫妮卡·加利亚诺（Monica Gagliano）已经证明，豌豆植物能够接受条件学习。[13] 她是通过重复19世纪心理学家伊万·巴甫洛夫（Ivan Pavlov）的著名实验来证明的。巴甫洛夫总是会在给狗喂食前摇铃，教会了狗将铃声与食物联系起来，之后狗光是听到铃声就口水直流。

为了给豌豆苗设置一个类似的场景，加利亚诺将豌豆放在Y形管的底部，这样它就能朝左右两个方向生长。其中一个方向是幼苗的"食物"——蓝光。在正常情况下，豌豆苗会本能地朝阳光最后出现的地方生长。而加利亚诺还想测试这些幼苗能否将计算机风扇声音和蓝光联系起来，通过反复在蓝光出现的那一端释放风扇噪声，她发现，就像巴甫洛夫的狗听到铃声就会流口水一样，豌豆苗也会朝着计算机风扇噪声的方向生长。在这两种情况下，最初对生物来说毫无意义的声音变成了代表晚餐时间的信号。这项研究使得加利亚诺开始将幼苗当作经验主体："如果植物基于与光照联系起来的风扇声，就能想象它的晚餐来了，那么是谁在想象呢？谁在思考呢？"[14]

森林里的一棵树倒下了，如果没有人听到，会发出声音吗？为什么会认为树只有在倒下时才会发出声音呢？内格夫本古里安大学（Ben-Gurion University of the Negev）的阿里埃勒·诺夫普兰斯基（Ariel Novoplansky）的研究表明，植物之间可以通过复杂的方式进行交流。[15] 诺夫普兰斯基的实验是将植物放在一系列相邻的花盆中，每一株植物的根系都伸展到了相邻花盆中。然后再让其中一株植物受旱。他发现，受旱的信息能够通过根系在花盆间传递，表现为所有植物进而都关闭气孔来减少水分流失。收缩气孔通常是缺水植物的行为，而在实验中，这是水分供应充足的植物对危险信号的反应——信号来自相隔几个花盆的临近植物。这些植物能够保留这些信息，使它们不会死于诺夫普兰斯基在实验后期阶段让植物遭受的干旱。

在实验室之外，不列颠哥伦比亚大学（University of British Columbia）的苏珊·西马尔（Suzanne Simard）研究了森林中植物的交流。[16] 在她早年研究阶段，曾因为想要研究树木间的交流而被人嘲笑，她寻求资金支持的过程相当艰难。正是这种与"新纪元"思想相关的文化偏见，同样阻碍着泛心论研究计划。谢天谢地，随着时间推移这种偏见越来越少。西马尔泰然自若推进着她的科学研究，并取得了非凡的成果。

通过追踪向树木注入的同位素示踪剂，西马尔表明，在我们的脚下，树木之间存在着复杂的交流网络，她称之为"树维网"（Wood-Wide-Web）。交流通过菌根结构进行，也就是连接树与树的真菌。树木和真菌之间存在礼物互换的关系：树木向真菌输送碳，真菌反过来向树木输送营养。一个密集的连接网络就这样形成了，处于中心最忙碌的树与其他数百根树木相连。

菌根结构允许一个复杂的再分配系统，拥有多余碳的树木会将一些碳再传递给其他邻居。有时人们会说，在人类社会中，只有通过牢固的亲缘关系将社会团结起来，社会才能和谐共处。树木之间不存在这种偏见。即便是不同种的树木，也存在相互支持的网络。夏季，桦树通过传递碳来帮助冷杉树，特别是光照完全被遮挡的冷杉树。到了冬天就会反过来，当桦树没有了树叶，冷杉树就会提供碳支持。

尽管如此，同人类一样，树木也会优待自己的后代。西马尔已经证明，位于网络中心的"母"树不仅给自己的亲戚提供更多的碳，还会向它们发送防御信号，可以使幼树的生存机会增加三倍。这种代际转移在母亲树死亡时尤为明显，因为它们要将智慧传给下一代。

基于以上论述，我们现在知道了植物能够交流、学习和记忆。除了人类偏见之外，我找不到任何理由说它们没有自身的意识生活。

不可否认，这会对素食主义者和纯素食主义者的伦理造成难解的影响。许多素食主义者和纯素食主义者认为宰杀和剥削有知觉的生物是错误的。但如果植物也有感知能力，那还有什么能吃呢？这都是很棘手的伦理问题，如果我们自己想要生存下去，那对有知觉生物的杀戮将是不可避免的。但接受植物生命具有意识至少意味着接受植物具有真正自身的利益，值得我们去尊重和考虑。

很少有人注意到我们对植物精神生活的理解的转变，许多人仍然觉得树木会说话是嬉皮士的闹剧。但想象一下，如果我们的孩子在森林中漫步时被告知，他们正处在生机勃勃的社群——一个喧闹忙碌、互帮互助的网络中，那他们与自然的关系将会发生怎样的变化呢？

20 世纪 60 年代的文化革命者渴望与自然建立一种新的关系，一种爱、尊重与和谐共处的关系。如果没有理性世界观让它得到理解，这样的愿景就会落空。好在这样的世界观，也就是泛心论，现在在理智上已能够令人信服。我们有充分理由去展望，一种新的意识科学将会建立一种与自然关系的新契约。唯一的问题是留给我们的时间不多了。*

我们真的自由吗？

在我们的生活进程中，我们很自然把自己构想为自由的能动者，构想为能够考虑各种理性因素并在其中自由作选择的生物。假设我必须在明天前决定是否接受一份新的工作，我会权衡利弊。如果我接受这份工作，我就需要工作更多时间，这意味着我没有很多时间来陪伴我的家人。而另一方面，我将拥有更多薪酬来买更大的房子。最终，我还是决定留在小房子里，给陪伴家人留下更多时间，享受品质更高的生活，因此我拒绝

---

* 就在我对书稿进行最后修订时，联合国政府间气候变化专门委员会（United Nations Intergovernmental Panel on Climate Change）发布了一份新报告，警告我们只有 12 年的时间来确保气温上升控制在 1.5℃ 以内。我们也更多了解到对这个更雄心勃勃的目标（而不是 2℃ 的目标）持之以恒的重要性。举个例子，如果气温升高 1.5℃，北极的无冰夏季每 100 年出现一次；如果气温升高 2℃，则每 10 年会出现一次。

了这份工作。

当我们每一个人身处这样的情景中时，都会觉得选择取决于我们自己。我们可以向左，也可以向右，取决于我们对不同理由各自分量的判断。当我们做出决定时，相信是出自特定的原因。萨拉嫁给克莱尔是因为她知道她们在一起会幸福。保罗成为纯素食主义者是因为在他看来，肉类和奶制品的消耗在环境上是不可持续的。安吉拉投票给保守党是因为她觉得增加她的税收负担是不公平的。任何历史学或社会学解释都基于这样一种预设：人类事务是人们对理性考虑做出回应之后决定的。这并不是说人类是完全理性的。当然人类会有各种缺陷、夹杂着混乱的信念和扭曲的动机，即使清楚知道自己应当做什么，也常常因为意志薄弱而无法做到。尽管如此，社会事件只能理解为一些考虑的后果，这些考虑在社会事件涉及的那些行动者看来构成了行动的理由——无论他们的判断是正确还是错误。

如果物理主义是正确的，那么所有这一类对人类社会事务的解释都是错误的。人是物理物体，因而他们的行为不会是考虑的结果，甚至也不是理性考虑的结果，而是由机械原因决定的。丹尼尔·丹尼特的观点是，我们将人类当作好像他们是理性生物一样，一种他称为"意向立场"的伪装。我们依赖意向立场，只是因为行为的机制成因太过复杂了，因此它提供了一种凑合的方式来预测人类将会做什么。但理论上，如果我能在基础物理学意义上完全理解你行为的"真正原因"，那我就能更为准确地计算出你将要做什么，而不必认为你是基于理性考虑做出的反应（很容易让人想起第四章提到的拉普拉斯妖）。

受益于自然选择，人类通常以合情合理的方式行事，以达到生存目的，但是他们对原因的理解在解释行为时毫无作用。行为的最终原因被归结到电子和夸克水平上完全非理性的力的作用上去了。*

我完全接受这样一个观点：我们是自由行动者的感觉可能最终只是一个幻象。在某种意义上意识的实在性是一个基本数据，而自由的实在性并非如此。我对我自身的感受体验比任何事物都要明确，但任何我直接意识体验之外的东西都会受到怀疑。我无法确切知道我本人是我的（部分）行为最终缘由的感觉是否正确。尽管如此，我还没有被那些试图证明自由意志是幻觉的哲学和科学论证所说服。

反对自由意志融贯性最流行的哲学论证来自这样一个主张：在被决定行为和完全随机无意义的行为之间，没有任何中间地带。要么我的行为有在先的原因，这样的话行为是被决定的，因此是不自由的；要么我的行为是完全任意和不受控制地"碰巧发生"的。但是完全任意和不受控制的行为也不是自由的。真正自由做出的选择应当是既非被决定的也非任意的，但没有什么——如这个论证所说的——能够避开这两个极端。[17]

这一论点的问题在于，被决定行为和任意选择之间存在

---

* 许多哲学家，包括《自由的进化》(*Freedom Evolves*)中丹尼特的观点在内，都致力于相容论（compatibilism）这样的中间道路，认为人的自由与一个被决定的宇宙是完全一致的。我认同 E. J. 洛（E. J. Lowe，在我看来他是 20 世纪和 21 世纪最杰出的哲学家之一）在其《个人能动性》(*Personal Agency*)中提出的观点，即对理性考虑的真正回应与"我们的行为是由前件驱动的"这一论点彼此并不相容。无论如何，只有当一个人相信有很强的科学理由放弃我们通常以为的自由观念时，他才会走向相容论。正如我下面将解释的那样，我不相信科学在当前时刻能给出让我们放弃日常自由概念的理由。

着中间地带，或者至少可能存在。自由选择与随机事件的区别在于前者包含着对理性考虑做出回应。[18] 假设我决定不接受这份工作并不是被之前的原因决定的。又是什么让我的决定不是毫无理由"碰巧发生"的随机事件呢？答案是，我做这个决定是出于一个理由：在做决定时我是在回应这样一个事实，即不接受这份工作让我有更多时间陪伴家人。相比之下，一个真正随机的事件，例如放射性物质钍-234 在 24.1 天内衰变，就像我做的决定一样，这一事件并不是预先决定的：物质衰变的概率是 50%，不衰变的概率也是 50%。但是与我的决定不同的是，钍-234 的衰变不涉及对理性考虑的回应。正因为如此，它才是完全随机的，而不是自由做出的决定。

在这一点上，自由意志的怀疑者通常会想要知道，究竟是什么解释了我做出的是此而非彼选择。一贯相信自由意志的人认为没有什么能够解释它。每个人都会将某些事实当做基本且无法解释的。关于这种无法解释的出发点，有些人认为它是物理定律，有些人认为是上帝的存在，还有些人认为是数学和逻辑的定律。我将意识的实在性作为基本的起点。如果想要绝对解释所有事物，必然会产生无限倒退或恶性循环。*因此我们知道，有些事情是无法解释的。那自由能动者的特定决定为什么不能是无法解释的呢？当然，决定引发的行为并非是无法解释的，它是自由决定造成的。但是决定本身可能是实在的一个

---

* 我在专业性附录 B 中曾尝试说明，事实上我们不能将物理学（本身）视为现实的完备终极故事，这会导致恶性循环，因为物理学术语是相互定义的。但是，先把这些论点放在一边，因为在这个阶段，我只是想提出一个更普遍的观点，也就是人们必须把某些事物当成是基本的。

基本事实，而不是用在先的原因或其他事物解释的。尽管无法被解释，这样的决定却不是随机的，因为它包含着对理由的反应。当能动者自由行动时，他是出于某种理由行事的。

换言之，这种对自由意志的反驳混淆了两种截然不同的观点：

- 反驳 A：自由选择无法与随机事件融贯地区别开来。
- 反驳 B：自由选择是无法被解释的事件。

通过在两种不同顾虑之间的腾挪，一个貌似有力的论证就出现了。但是，一旦将它们清晰地区别开来，每一点都能够得到回答：

- 反驳 A 的解决方案：自由选择与随机事件不同，自由选择包含着对理性考虑的回应。
- 反驳 B 的解决方案：每个人都必然接受一些无法被解释的事情。接受自由选择不能被解释，如同接受宇宙大爆炸不能被解释一样融贯。

我看不出哲学上能够对自由意志的融贯性提出反驳。但仅仅因为自由意志是融贯的，并不意味着它真的存在。毕竟，龙和独角兽在逻辑上也是融贯的，但是你并不会在短时间内撞见它们。自由意志的怀疑者会认可自由意志是融贯的，同时争辩说我们有科学依据认为自由意志并不存在。

对自由意志的反驳常常与20世纪70年代本杰明·李贝特（Benjamin Libet）所做的一系列实验联系在一起。[19] 在这些实验中，参与者被要求在限定时间段内的一个随机时间做出决定，以执行一些琐碎的任务，比如弯曲一只手或按下一个按钮。李贝特想要做的是评估：

　　A. 人们是在什么时候做出有意识的决定来执行行为的。

　　B. 人脑是在什么时候首次启动导致行为的活动的——这一活动被称为"准备电位"（readiness potential）。

他让参与者坐在示波器前，并让他在第一次意识到行动的愿望或冲动时提示工作人员来评估A。为了评估B，他将脑电图机的电极连接到参与者的头皮上，以记录行动开始时的脑电活动。实验结果令人震惊，平均而言，报告的有意识的行动冲动发生在人脑首次启动之后的300毫秒。许多人认为这一证据清晰表明，我们有意识的心灵启动了行为的观念是一种幻觉：实际上是人脑的无意识事件决定了我们将要做什么。

李贝特的实验非常迷人也非常重要。然而，"实验证明了自由意志不存在"这个普遍说法还太过草率。包括丹尼尔·丹尼特在内的一些人认为，李贝特忽略了一个对数据更为直观的解释：参与者系统性地误判了有意识的冲动的发生时间，平均误判了约300毫秒。[20] 毕竟，李贝特的实验设定是高度人为的：受试者被要求做出决定，同时留意决定是什么时刻做出的。可能人类压根没法同时完成这两项工作。但是，后来使用功能性磁共振成像（fMRI）的实验得出结论，一个决定的结果可以在被意识到之前经人脑前额叶皮层和顶叶皮层编码，最多可以提前 10 秒。[21] 如此显著的差异使得人们质疑结果只是出自误判的说法。

李贝特实验以及最近进行的类似实验所面临的深层问题是，他们所关注的"决定"（如果确实有这个名称对应的事件的话）并不是自由意志的捍卫者关心的决定。自由意志的支持者热衷于维护我们的自然信念，即我们能够对理性考虑作出自由的回应。但是李贝特给受试者们设定的"选择"是完全随机的、无意义的。最近的实验也是如此。没有任何理由支持一个人在稍早一些还是晚一些弯曲他的手臂，或者按左边的按钮而不是右边的按钮。李贝特的实验至多能证明，有意识的心灵不能启动一个完全随机的、无意义的行为。但是这样的行为无论如何都不是自由选择的例子——无论如何它都不是我们所关心的——因此这个结果不会削弱真正的自由。

要真正驳斥自由意志的存在，实验应该将关注点放在真正的选择上，比如是否接受一份工作或是否要结婚。即便如此我们也不需要假设，在某个单独的确切时刻，决定发生了。长时间的深思熟虑可能会让人把自己慢慢推向某个特定结果，而这一结果最终会变得无可避免。从实际意义上看，很难看出该如何设计实验来确定人们做出的决定是否完全由无意识的在先的原因决定。但这并不意味着我们就可以夸大我们能做出的实验的结论。

一些思想家希望量子力学能够为自由意志留出空间。然而，尽管量子力学的标准解释中确实有非决定论——在后的事件并不会因在先的事件变得不可避免——但这里的非决定论有着高度严格的限制。按照量子力学，在先的事件决定了在后事件的客观概率。真正自由的选择与这样的客观概率是相悖的。假设我脑中在先的事件使我接受这份工作的可能性为75%，那么如果有100万个我的一模一样的物理复制体处在同样的情境下，其中会有75万人决定接受这份工作，而25万人不会。这些复制体中的每一个都会觉得他们好像是在做一个他们完全控制之下的决定。但是这不可能是真的。因为如果每个能动者能够自由选择，那么我们就无法预测有多少个体会选择一条道路，有多少会选择另外一条，尽管量子力学告诉我们，这能够做到。要获得真正的自由，过去就必须不会强迫我，既不会让我的选择无可避免，也不会决定我做选择的准确概率。

我相信自由意志是否就是幻象仍然是一个悬而未决的问题。但值得注意的是，泛心论与物理主义不同，它在原则上能够保持其实在性。物理主义者认为，物理世界中发生的每件事都有一个在先的原因，这个原因要么准确地决定了将要发生的事情，要么在量子不确定性意义上决定了将要发生的事情的客观概率。但是对于泛心论者来说，还有另外一种可能的模式。可能是过去事件施压于当下的物理实体以某种特定方式行动，但是最终是否接受这种压力取决于当下的物理实体。

刚才的陈述可能有些含混，我试图把握的是，当我做一个自由决定时究竟是什么样子。感觉上是完全取决于我，但同时又有一些压力，它们以倾向的形式存在。如果我渴望奶酪——这是我当前努力成为纯素食主义者*的最大挑战——选择纯素食生活方式对我来说会更困难。在极端情况下，比如处于酷刑当中，压力可能会完全压倒我，使我不可避免地选择我被施压去选的方向。但在许多日常情况下，是否屈从于倾向的压力，或屈服于何种倾向，都取决于我。

常识告诉我们，在婴儿和非人类动物上会发生类似的事情，尽管不是完全一样。这类生物还不能进行理性思考。但是这并不是说倾向迫使他们以某种方式行事。更自然的假设是，他们的倾向会施压于他们，让他们以某种方式行事。动物因为没有理性的思考来对抗它们，甚至可能是不可避免地服从这些倾向。这种不可避免不应与决定论混同。对自由而言，最重要的一点是一个人不会因为在先的原因而被迫行动，因为被迫行动与理性考虑之后的真正回应是相悖的。然而，如果权衡利弊之后明显倾向于行动 A，而特定行动者并不想与此相悖，那么他会选择以 A 行事可能就是不可避免的。这一决定的不可避免——可能因为应该做什么是不言自明的——并不意味着它是被强迫的。

随着我们看向更简单的生命形式，行为可能会变得越来越可被预测。确实，即使是复杂的动物理论上来说也是完全可被预测的，就算我们做不到，至少拉普拉斯妖（参见第四章）可以。同样，这并不意味着这些复杂的动物是被迫行动的。动物

---

* 纯素食主义者排除了一切动物性食品，包括蛋、奶（酪）、黄油、蜂蜜等来自动物（尽管不对它们造成直接伤害）的食品。——编者注

可能是根据自己的倾向选择了这种行为，即便动物（在缺乏理性思考的情况下）遵循自己最强烈的意愿是不可避免的。

在我看来，去假定这一模型在亚原子范围内成立也是自洽的。显然，粒子不会进行理性思考，因此也不会像人类那样进行"选择"。但也有可能它们是通过对倾向的回应来行动的，这些倾向是由之前的事物状态产生的。在这种情况下，在先的粒子不会迫使在后的粒子行动，它们创造了一组倾向，施压于未来的粒子，令其以某种方式行事，但选择遵从这些倾向的是未来的粒子自身（在其出现的时刻）。就像婴儿和一些非人动物一样，粒子遵循它们的倾向可能是不可避免的，这就解释了它们的可预测性。这与粒子的行动在某种意义上是自由选择的是一致的：粒子自身在行动，而不是在过去的事件迫使之下行动。

我不确定这种观点是否正确。但在我看来，如果你相信自由意志，你就应该支持这种观点。兼容自由意志的另一项选择是二元论。自由意志的二元论支持者将因果关系分为两种截然不同的类型：人类行为（包括对理性思考的自由反应）及其他行为（在之前事件的迫使之下行动）。这种二分法简陋且毫无必要。与人类自由相一致的最简单假设就是我刚才所描述的，即所有自然界的行动都是自由的（尽管并非必然是不可预测的）。如果事实证明粒子行为是被迫行动的，那我打赌人类行为也是如此，自由意志就是幻象。

对于物质世界和人类境况还有很多未知。但迄今为止，我还看不出有什么真正的理由来否认我们做出的选择是自由的。

如果我们是自由的，那么我们有理由认为，自由意志不是演化史上在人类初登上舞台那一刻突然闪现出来的魔法。人类内嵌于自然，并且与自然的其他部分是连续的。自然选择只能在物质世界提供的资源上起作用。如果人类是自由的，那么造就我们的物质同样如此。

自然化的精神

1945 年法西斯主义甫一被击败后，《美丽新世界》(*Brave New World*)的作者阿道司·赫胥黎就出版了一本书来捍卫他的"长青哲学"。其观念是，世界上所有主要宗教的根基都是同一套普遍真理。赫胥黎认为，当人们处于某种意识状态时，就能直接获知这些真理，尽管这样的意识状态很罕见，但所有文化中的个体都在人们可以确定的最早的时间探明过这些真理。或者通过自然的恩赐，或者通过严酷的训练，摩西、佛陀、耶稣、伊斯兰苏菲派神秘主义者和印度教吠檀多神秘主义者都通达了这样的特殊意识状态；赫胥黎还认为，他们的洞察构成了所有宗教的共同核心。

许多学者对赫胥黎的宗教普遍主义提出质疑，由于世界上各大宗教提出的信仰很明显彼此矛盾，这一主张看来很不可靠。但是存在一种广泛出现于不同文化中的独特神秘体验，这一论点是得到充分支持的。这类经验的本质或许在印度传统中的吠檀多一元论哲学中阐述最为详尽，其源头可以追溯到公元前的 1000 年里，不过它最卓越的辩护者是 8 世纪的学者阿迪·尚卡拉（Adi Shankara）。

在意识的日常状态下，经验的主体和客体之间是有区别的，就是说，拥有经验的物（例如我或你）与被经验到的物（如快乐、痛苦、感受等）之间有所不同。但在神秘主义体验中，这种区分显然瓦解了，神秘主义者享受着一种无形意识的状态。更引人注目的是神秘主义者声称，很显然在这种状态下，无形意识状态是所有个别意识经验的背景，因此无形意识就是所有有意识的心灵的最终本质。据称，这种领悟破坏了不同人之间有所区分的日常观念，导向了另一个结论：我们在更深层的意义上都是一体的。[22]

当然，仅仅因为人们有过这些体验，并不意味着它就对应着任何实在的事物。我在上一节曾说过，我不确定我们对自由意志的经验是否可信，对神秘体验就更没有信心了。至少就自由意志而言，我经常能够经验到。可悲的是，尽管每天都在冥想，我至今还没有体验到无形意识的乐趣。

话虽如此，如同自由意志的情况一样，我并不会就此相信神秘体验一定是错误的。可能相信它是错的最常见的原因是，人们假定神秘体验声称自己揭示了一个超自然的领域：一种超越空间和时间的无形意识状态，它是所有存在的基础。正如我们在第二章所讨论的，我们应该使我们的实在理论尽可能简单，这是科学和哲学中的一个重要原则。所以最好将神秘体验视为栩栩如生的幻觉，而不是在我们的世界理论中加入超自然的实体。

然而，对泛心论者来说还有另外一个选项。泛心论者并不认为无形意识是物理宇宙之外的东西，而认为它是物理实在的最终本质，或者至少是它的某个面向。

这里有一个关于其如何运作的模型。按照一种被称作"超实体主义"（super-substantivalism）的物理实在理论，物理物体如桌椅、岩石、星球等与时空无法区分，它们等同于时空的质量实例化区域（mass-instantiating regions of spacetime）。[23] 也就是说，时空并非物理物体身处其中的容器。在更基本层面上，真正存在的只有时空。但是在有质量的和无质量的时空区域之间是有区别的，我们将有质量的那部分称作"物理物体"。从这个观点看，你不过是时空的一块具有质量的人形区域。

如同任何纯粹的物理理论一样，超实体主义是不完备的。对质量和时空的物理描述只能告诉我们这些实体的行为，而对它们的内在本质保持缄默（第四章曾详细探讨）。假设我们用泛心论来补充这个观点。我们就要必须找到一种能够成为时空本身内在本质的意识形式——把它与填充部分时空区域的质量分开考虑，我们还需要发现某种意识形式，它能够作为时空的质量实例化区域的内在本质。如果——这一如果可能要有非凡的想象力——人们不想把神秘体验理解为幻象，那他们需要持如下观点：

> 无形意识是时空本身的内在本质，在某种程度上，它不是定域的，而是在所有区域都是同等呈现的。
>
> 日常的意识状态就是时空质量区域的内在本质。

这会让我们无需诉诸宇宙之外的任何事物就能理解神秘主义的主张。无形意识而非超自然事物就是时空这种物理实体的内在本质。作为每一个具体有意识心灵的更基本要素，无形意识是每一个意识体验的背景。我们可以认为时空提供了每一经验的普遍的层面，而质量和其他物理属性构成了不同经验的独立且不同的内容。时空本身是一种简单且无处不在的经验，但当与物理特性的复杂组合所涉及的种种经验相结合时，它就会转变为主体/客体意识的特殊实例，例如人类心灵。时空提供了陶土而物理属性就是模子。

另一方面，人们可能会推测神秘主义者正在体验隐藏在时空之下的事物。这与我遇到过的对泛心论最有趣的反对意见有联系，由哲学家苏珊·施耐德提出。[24] 当代物理学的圣杯是一种量子引力理论，它能将我们对引力的科学理解与量子力学相调和。一些物理学家建议，未来的研究方向是将空间——或者至少是它的某些维度——视为由更基本的东西构成。如同水是由本身不是水的物质构成，空间也是如此，由本身并非空间的事物构成。

为什么这会对泛心论构成困扰呢？施耐德说道：

> 如果实在更基本的成分是非时空的，那么很难理解它们是如何能够被经验到的。如果在这个层面上没有时间，怎么可能有经验呢？意识体验是一种流动的感受性质，思想似乎呈现于"当下"，变动不息。永恒的经验是一个矛盾的说法。[25]

诚然，我们绝大多数日常经验都涉及时间流动。但神秘主义者说他们经验到的所有事物的根基却是永恒的实在。这完全与时空不存在于更基本层面的假设相一致。

神秘主义和物理学的勾结给许多人敲响了警钟。即便我们不必相信任何超自然的事物，人们也会怀疑从自己的扶手椅（或者蹲坐在莲花座上）发现关于实在本质的基本真理的可能性。萨姆·哈里斯曾就神秘体验的重要洞见有过论述。[26] 但是在他看来，这样的洞见仅限于关于我们心灵本质的真相，并不能告诉我们普遍意义上的宇宙本质。而如果泛心论是正确的，这种区分就会瓦解，因为意识就是物理实在的内在本质。如果——我最后再强调一次是*如果*——神秘主义的观点是正确的，无形意识是所有意识经验的本质构成部分，那么加上泛心论，这就意味着无形意识是每个物理实体的本质构成部分。

我并不认同此观点。如果我有过神秘体验（如果你想第一时间知道，请留心我的推特）也许我会赞同。但是它确实有一些很有趣的意味。

它意味着在特定意义上，生物死后仍有生命。我的个体意识会瓦解，并在肉体死亡的那一刻停止存在。但是我心灵的一个关键构成部分，也就是我所有经验的背景的无形意识，它不会停止存在。印度教徒非常强调冥想和善举是实现与无形意识融合的重要法门，从而免除无尽且无意义的重生。但如果我们假定因果报应和重生的学说都是错误的，那在死亡时我们每个人都理所应当塌陷到无形意识中。启蒙得到了保证！

这种观点也可以让我们理解伦理学的客观基础。萨姆·哈里斯和史蒂芬·平克（Steven Pinker）是客观道德真理的忠实信徒。[27]但正如无数评论者观察到的那样，在他们的世界观中似乎没有任何东西可以解释客观道德真理的实在性。作为自然主义者，他们只接受那些经验科学调查给予我们的实体为真。但科学研究揭示的是实然而非应然。观察和实验的数据能够告诉我们如何最好地实现我们的目标，但是实验和观察并不会告诉我们最初应该择取什么样的目标。

哈里斯坚定地认为，科学是伦理知识的源泉，因为它有能力生产最有利于人类福祉的知识。当然，实证调查是解决如何使人们快乐的最好方法，但是这并意味着实证调查能够阐明伦理主张具有真正的基础，即人类幸福具有客观的道德价值。

在这一点上，哈里斯呼吁幸福是一种道德价值是毫无争议的：

> 即使每个有意识的人在道德图景中都有独特的低点，我们仍然可以想象一种宇宙状态，在这种状态下，每个人都承受可能的最深重的苦难。如果你认为我们还不能说它是"糟糕"的，那我不知道你的"糟糕"可以是什么意思（我想你同样不知道）。如果要让这个词有任何意义的话，那么让每个人都变得更糟的变化——以任何理性标准衡量的糟——都可以被合理地称为"糟糕"，这似乎是无可争议的。[28]

目前还不清楚这将如何有助于我们理解伦理真理的基础。

我们姑且同意哈里斯是正确的：最大、最普遍的痛苦是一件客观上糟糕的事。接受这一道德真理是一回事，而解释其如何成真则完全是另一码事。打个比方，所有人都同意事物会掉落在地上，科学家做的是搞清楚为什么会这样，如果牛顿或爱因斯坦只是坚决断言"谁会否认苹果会掉落到地上？？？"那就没人会在意他们。关键不在于断言所有人已经理所当然接受的东西，而在于解释它。同样，在伦理事例中我们想知道为什么痛苦在客观上是糟糕的，实在的什么方面让这个判断成立。

总会有某个基点，解释在此终结。爱因斯坦对引力的解释是以物质和时空之间相互因果关系的普遍事实结束的。但哈里斯对道德真理的描述甚至还没有开始。按照常识道德观念，有人以虐待幼童为乐，这种事是客观上错误的。哈里斯会完全同意，但他没有提供的，也是我们真正想要的东西，是那个使得虐待行为成为客观上错误的事情的原因。实在的什么方面构成了这一真理的基础？

基督护教者威廉·莱恩·克雷格（William Lane Craig）有力地向哈里斯强调这一论点，认为唯一的解决办法是诉诸上帝，其命令可以作为客观道德真理的基础。[29] 这样的理论既不简洁也不令人满意。因为我们现在还会有这样的问题：又是什么使上帝的命令具有道德效力？有人可能会说这是一个显而易见的道德真理，如果一个至善的存在提出命令，我们就应该依令行事。可能是这样吧，但正如哈里斯敏锐指出的那样，某人身处痛苦中那你就应该帮助他，这同样是一个显而易见的道德真理。但是我们要寻找的解释是明显的道德真理何以为真。在我们应当依照上帝之令行事和痛苦是糟糕的这两个显而易见的道德真理之间,我看不出孰优孰劣。

相比之下,神秘主义的立场却为伦理的客观性提出了令人满意的解释。自私行为根植于这样一种信念:我们是完全分离、独特的个体。施虐狂只有在自己不痛苦的情况下才会享受别人的痛苦。但是在神秘主义者看来,这种认为个体互相分离的观点是错误的。确实有独特的有意识的心灵,但是心灵并非全然独特,我们的心灵交错重合。事实上,构成我的心灵的最基本的要素——构成每一种经验的背景的无形意识——与构成你的心灵的最基本的要素是相同的。你我的意识都是在同一张画布上走笔。根据神秘主义者的说法,正是这一领悟才让天启者无限慈悲。如果神秘主义的假设是正确的,那么伦理客观性的基础就在于实在的本质。虐待是客观上错误的,正如相信"地球是平的"是错误的,两种行为都对实在产生了错误的认知。

如果我们采用泛心论对神秘主义假设的解释,就能够不费吹灰之力大获全胜,因为这一理论无需诉诸我们都相信的物理宇宙之外的任何事物。诚然,它提供了一个关于物理实在内在本质的具体描述,但是物理实在必须有一些内在本质,我不认为它在简洁性上会输于其他任何观点。

我对是否拥护这一观点仍犹豫不决。它蕴含的一些东西对人类生命的意义有深远影响。但是我们应该努力发现哪个观点最有可能是正确的,而不是我们最希望哪个观点是正确的。虽然我有门路获得让我倾向于泛心论的数据(也就是意识经验),

但我没有门路获得使我理性地接受神秘主义世界观的推定性证据。

美国心理学家威廉·詹姆士在他对神秘体验的经典性分析著作《宗教经验种种》（*The Varieties of Religious Experience*）结尾得出了近乎正确的答案。虽然多数讨论集中在经验本身的研究上，但在最后他转向这样一个问题：这些经验的存在是否能给出让我们接受神秘主义观点的理由。詹姆士的结论秉持中道，一方面：

> 作为心理事实，那种明显的、断然的神秘状态对那些经历它们的人来说通常是有权威的。这些人曾去过"那儿"，而且知道。理性主义的抱怨是白费力气……我们自己更"理性的"信念基于的东西，与神秘主义者援引的证明他们信念的东西恰好十分相似。也就是说，我们的感官使我们确信某些事实，而对经历它的人来说，神秘体验正是对事实的直接感知，其分量如同感觉对我们的意义。[30]

神秘主义者没有办法证明他们的经验对应于实在之物。但我们也不能证明我们的感官经验对应于实在之物。正如哲学家们所明了的那样，没有办法排除我们正处于黑客帝国的母体中，沉浸于计算机创造给我们的虚幻体验里。我们只能理所应当地认为我们的感官告诉我们的就是真相。如果我们可以相信我们的感官经验，为什么神秘主义对神秘经验持同样的态度却是非理性的呢？指责神秘主义者非理性无异于双标评判。

另一方面：

> 假如我们是局外人，私人从未感受过神秘体验的来临，神秘主义者就无权要求我们接受他们特有的神秘经验。他们在人世间所能要求我们的，最多是容忍他们确认一种臆想。他们达成了一致意见，具有明确的结果；用神秘主义者的话说，假如这种取得共识的经验被证明是完全错误的，那才奇怪呢。然而从根本上来说，这毕竟诉诸数目，与理性主义者诉诸理性别无二致，求助于数目没有逻辑效力。假如我们承认它，那完全是因为"暗示的"理由，而不是逻辑理由：我们所以追随大多数人，乃因为这样做适合我们的生活。[31]

对于那些未尝有过神秘体验的人类说，适当的态度可能是一种不可知论：神秘经验提供了对实在本质的真实洞见，还是可能它仅仅是幻觉，他们存而不论。话虽如此，在泛心论世界观中，信仰的热忱和科学的理性很有可能达到和谐一致，我不禁为这样的可能感到振奋。还是很有希望的，让我们继续沉思吧。

意义的宇宙

20世纪早期，马克斯·韦伯曾写道，现代性和资本主义的兴起导致了对自然的"祛魅"。在宗教和传统世界观中，宇宙充满了意义和目的，正如韦伯所说："世界是一个伟大的魔法花园。"[32] 与此相反，现代科学世界观似乎向我们呈现了一个完全没有意义的浩瀚宇宙，人在其中只是一个微不足道、艰难困苦的短暂意外。

这会产生一种疏离感。我们似乎与宇宙毫无共同之处，在宇宙中没有真正的家园。宇宙的"大图景"叙事是一个无情、无意义的物理过程，身处其中的我们只是宇宙进程中无意义的失常。处在一个无足轻重的地方，好像只有通过消费主义和对经济增长的无尽追求才能使生命有些许意义。

随着社会全球化越来越深入，"宇宙疏离"的问题也越来越严重。当一个人根植于传统社会中，对全球范围内的多样社会形式一无所知时，他所在社会的既定意义就能定义整个宇宙。人不是生活在一个毫无意义的宇宙，而是生活在一个充满意义和目标的世界。然而，全球化的市场侵蚀了许多传统的生活方式，国际连锁店征服了社群中心，广告开始充斥着公共空间的每一个角落。地方的美景如果被保存下来，也只是作为古色古香的博物馆藏品供世界各地的游客参观。

即使只是意识到文化形式的多样性，也能导致疏离，因为它清楚地表明，人们自身的社会和道德规范不是永恒的实在而是历史的偶然选择。传统的生活方式被认为是没有意义的，最终滑向相对主义甚至是虚无主义。随着人们慢慢试图找回可能已经永远逝去的东西，民族主义的再次抬头或许并不令人意外。如果没有传统社会曾经赋予我们的意义结构，我们将一无所有，只剩下机械的自然和丧失意义的空洞场所。

泛心论给出了"再魅"宇宙的方式。从泛心论来看，宇宙就像我们一样，我们从属于它。我们不只是活在一直被全球化和消费资本主义浸染的人类领域。我们可以沉浸在自然中，在宇宙中。我们可以放下民族和部落，去欣然拥抱宇宙。我希望泛心论可以帮助人类再次从宇宙中获得家园感。在宇宙之家中，我们能够畅想（也许还能实现）一个更美好的世界。

参考文献

Albahari, Miri. "Beyond Cosmopsychism and the Great I Am: How the World Might Be Grounded in Advaitic Consciousness," in W. Seager, ed., *The Routledge Handbook of Panpsychism*, London, New York: Routledge, forthcoming.

Baggini, Julian. "Hume the Humane." *Aeon,* August 15, 2018, https://aeon.co.

Blackmore, Susan. "First Person—Into the Unknown." *New Scientist,* November 4, 2000.

Bloom, Paul. Descartes' Baby: How the Science of Child Development Explains What Makes Us Human. *New York: Basic Books, 2004.*

Cartwright, Nancy. *How the Laws of Physics Lie.* New York: Oxford University Press, 1983.

Chalmers, David. *The Conscious Mind.* New York: Oxford University Press, 1996.

——. "Facing Up to the Problem of Consciousness." *Journal of Consciousness Studies 2, no. 3 (2005): 200-19.

Chalmers, David, and McQueen, Kelvin. "Consciousness and the Collapse of the Wave Function," in S. Gao, ed., *Quantum Mechanics and Consciousness*. New York: Oxford University Press, forthcoming.

Churchland, Patricia S. *Touching a Nerve*. New York: W. W. Norton, 2013.

Churchland, Paul, M. "Consciousness and the Introspection of 'Qualitative Simples,' " in R. Brown, ed., *Consciousness Inside and Out: Phenomenology, Neuroscience, and the Nature of Experience*. Dordrecht/Heidelberg/New York/London: Springer, 2013.

———. *Matter and Consciousness,* revised edition. Cambridge: MIT Press, 1988.

Coleman, Sam. "Panpsychism and Neutral Monism: How to Make Up One's Mind," in G. Brüntrup and L. Jaskolla, eds., *Panpsychism: Contemporary Perspectives*. New York: Oxford University Press, 2016.

———. "The Real Combination Problem: Panpsychism, Micro-Subjects and Emergence." *Erkenntnis* 79, no. 1 (2014): 19-44.

Dawkins, Richard. The Blind Watchmaker: Why the Evidence of Evolution Reveals a Universe Without Design. *New York: W. W. Norton, 1986.*

Dennett, Daniel C. *Consciousness Explained*. Boston: Little, Brown, 1991.

———. *Freedom Evolves*. New York: Viking, 2003.

Descartes, René. *Meditations on First Philosophy,* in *Meditations on First Philosophy with Selections from the Objections and Replies,* edited and translated by J. Cottingham. Cambridge: Cambridge University Press, 1996; originally published in 1645.

Eddington, Arthur Stanley. *The Nature of the Physical World.* London: Macmillan, 1928.

Einstein, Albert. "On the Method of Theoretical Physics." *The Herbert Spencer Lecture,* delivered at Oxford, June 10, 1933.

Everett, Hugh. "Relative State Formulation of Quantum Mechanics." *Review of Modern Physics,* 29 (1957): 454–62.

Frankish, Keith. "Illusionism as a Theory of Consciousness." *Journal of Consciousness Studies,* 23 (2016): 11–12.

Gagliano, Monica, et al. "Learning by Association in Plants." *Scientific Reports* 6, article no. 38427 (2016).

Galileo Galilei. *The Assayer,* originally published in 1623, in *Discovering and Opinions of Galileo,* edited by Stillman Drake. New York: Anchor, 1957.

Gazzaniga, Michael S. "Cerebral Specialization and Interhemispheric Communication. Does the Corpus Callosum Enable the Human Condition?" *Brain* 123, no. 7 (2000): 1293–336.

Goff, Philip. *Consciousness and Fundamental Reality.* New York: Oxford University Press, 2017.

———. "Essentialist Modal Rationalism." *Synthese,* forthcoming.

Goff, Philip, et al. "Panpsychism," in E. N. Zalta, ed., *The Stanford Encyclopedia of Philosophy,* 2017, https://plato.stanford.edu.

Harris, Sam. The Moral Landscape: How Science Can Determine Human Values. *New York: Free Press, 2010.*

———. Waking Up: A Guide to Spirituality Without Religion. *New York: Simon & Schuster, 2014.*

Hawking, Stephen. A Brief History of Time: From the Big Bang to

Black Holes. *New York: Bantam, 1988.*

Hawking, Stephen, and Leonard Mlodnow. *The Grand Design.* New York: Bantam, 2010.

Hendry, Robin. *The Metaphysics of Chemistry.* Oxford: Oxford University Press, forthcoming.

Holder, Josh, Niko Kommenda, and Jonathan Watts. "The Three Degree World: The Cities That Will Be Drowned by Global Warming." *The Guardian,* November 3, 2017.

Hume, David. *An Enquiry Concerning Human Understanding,* edited with an introduction and notes by Peter Millican. Oxford: Oxford University Press, 2007; originally published in 1748.

Humphrey, Nicholas. *Soul Dust: The Magic of Consciousness.* Princeton: Princeton University Press, 2011.

Huxley, Aldous. *The Perennial Philosophy.* New York: Harper & Brothers, 1945.

Isaacson, Walter. *Einstein: His Life and Universe.* New York: Simon & Schuster, 2007.

Jackson, Frank. "Epiphenomenal qualia." *The Philosophical Quarterly* 32, no. 127 (1982): 127–36.

James, William. *Principles of Psychology,* vol. I. Cambridge: Harvard University Press, 1981; originally published in 1890.

——. The Varieties of Religious Experience: A Study in Human Nature. *London and Bombay: Longmans, Green & Co., 1902.*

Kirk, Robert. "Sentience and Behavior." *Mind* 83, no. 329 (1974): 43–60.

——. "Zombies vs. Materialists." *Proceedings of the Aristotelian Socie-*

ty 48, (1974): 135–63.

Klein, Naomi. *This Changes Everything: Capitalism vs. the Climate.* New York: Simon & Schuster, 2014.

Kraus, Lawrence, M. "The Consolation of Philosophy." *Scientific American,* April 27, 2012.

Kripke, Saul. *Naming and Necessity.* Cambridge: Harvard University Press, 1990.

Ladyman, James, and Don Ross (with David Spurrett and John Collier). *Every Thing Must Go.* Oxford: Oxford University Press, 2007.

Laplace, Pierre Simon. *A Philosophical Essay on Probabilities,* translated by F. W. Truscott and F. L. Emory. Mineola, NY: Dover Publications, 1951.

Leibniz, G. W. *The Monadology,* in *G. W. Leibniz: Philosophical Texts,* edited and translated by R. S. Woolhouse and R. Francks, Oxford: Oxford University Press, 1998; originally published in 1714.

Levine, Joseph. *Purple Haze: The Puzzle of Consciousness.* Oxford and New York: Oxford University Press, 2004.

Libet, Benjamin, W. "Unconscious Cerebral Initiative and the Role of Conscious Will in Voluntary Action." *Behavioral Brain Sciences* 8 (1985): 529–66.

Libet, Benjamin W., et al. "Time of Conscious Intention to Act in Relation to Onset of Cerebral Activity (Readiness Potential): The Unconscious Initiation of a Freely Voluntary Act." *Brain* 106, no. 3 (1983): 623–42, 9.

Locke, John. *An Essay Concerning Human Understanding.* Edited by Pauline Phemister. Oxford: Clarendon Press, 2008; originally published in

1689.

Lodge, David. *Thinks…* London: Secker & Warburg, 2001.

London, Fritz, and Edmond Bauer. "The Theory of Observation in Quantum Mechanics," in J. A. Wheeler and W. H. Zurek, eds., *Quantum Theory and Measurement*. Princeton: Princeton University Press, 1983.

Lowe, E. J. *Personal Agency: The Metaphysics of Mind and Action*. Oxford: Oxford University Press, 2008.

Ludlow, Peter, Yujin Nagasawa, and Daniel Stoljar, eds. *There's Something About Mary: Essays on Phenomenal Consciousness and Frank Jackson's Knowledge Argument*. Cambridge: MIT Press, 2004.

McQueen, Kelvin. "Does Consciousness Cause Quantum Collapse?" *Philosophy Now*, August/September 2017.

Minkowski, Hermann. "Space and Time" in Hendrik A. Lorentz, Albert Einstein, Hermann Minkowski, and Hermann Weyl, eds., *The Principle of Relativity: A Collection of Original Memoirs on the Special and General Theory of Relativity*. New York: Dover (1952): 75–91.

Mørch, Hedda Hassel. "The Integrated Information Theory of Consciousness." *Philosophy Now*, August/September 2017.

———. "Panpsychism and Causation: A New Argument and a Solution to the Combination Problem." PhD diss., University of Oslo, 2014.

Nagel, Thomas. *The View from Nowhere*. New York: Oxford University Press, 1986.

———. "What Is It Like to Be a Bat?" *Philosophical Review* 83, no. 4 (1974): 435–50.

Nordby, Knut. "What Is This Thing You Call Color? Can a Totally Color-Blind Person Know About Color?," in T. Alter and S. Walter, eds.,

Phenomenal Concepts and Phenomenal Knowledge: New Essays on Phenomenal Concepts and Physicalism. New York: Oxford University Press, 2007.

Novoplansky, Ariel, et al. "Plant Responsiveness to Root–Root Communication of Stress Cues." *Annals of Botany* 110, no. 2 (2012): 271–80.

Paley, William. *Natural Theology or Evidence for the Existence and Attributes of the Deity, Collected from the Appearances of Nature,* edited with an introduction and notes by M. D. Eddy and D. Knight. Oxford and New York: Oxford University Press, 2006; originally published in 1809.

Papineau, David. "The Problem of Consciousness," in U. Kriegel. ed., *The Oxford Handbook of Consciousness.* Oxford: Oxford University Press, forthcoming.

Pinker, Steven. Enlightenment Now: The Case for Reason, Science, Humanism, and Progress. *New York: Viking, 2018.*

Robinson, Howard. *Matter and Sense: A Critique of Contemporary Materialism.* Cambridge: Cambridge University Press, 1982.

Roelofs, Luke. Combining Minds: How to Think About Composite Subjectivity. *New York: Oxford University Press, 2019.*

Russell, Bertrand. *The Analysis of Matter.* London: Kegan Paul, 1927.

Schaffer, Jonathan. "Spacetime: The One Substance." *Philosophical Studies* 145, no. 1 (2009): 131–48.

Schneider, Susan. "Spacetime Emergence, Panpsychism and the Nature of Consciousness." *Scientific American,* August 6, 2018.

Seager, William. "Consciousness, Information, and Panpsychism." *Journal of Consciousness Studies* 2, no. 3 (1995): 272–88.

Searle, J. "Minds, Brains and Programs." *Behavioral and Brain Scienc-*

es 3, no. 3 (1980): 417–57.

Seth, Anil K. "Conscious Spoons, Really? Pushing Back Against Panpsychism." *NeuroBanter* (blog), February 1, 2018.

———. "The Real Problem." *Aeon,* 2016, https://aeon.co/.

Simard, Suzanne, W. "Mycorrhizal Networks Facilitate Tree Communication, Learning and Memory," in F. Baluska, M. Gagliano, and G. Witzany, eds., *Memory and Learning in Plants.* Dordrecht/Heidelberg/New York/London: Springer, 2018.

Skrbina, David. *Panpsychism in the West.* Cambridge: MIT Press, 2007.

Soon, Chun Siong, et al. "Unconscious Determinants of Free Decisions in the Human Brain." *Nature Neuroscience* 11 (2008): 543–45.

Sperry, Roger. "Consciousness, Personal Identity, and the Divided Brain." *Neuropsychologia,* 22, no. 6 (1984): 661–73.

Stapp, Henry P. *Mind, Matter and Quantum Mechanics.* Berlin/Heidelberg: Springer Verlag, 2009.

Strawson, Galen. "The Consciousness Deniers." *New York Review of Books,* March 13, 2018.

Strawson, Galen. "Realistic Materialism: Why Physicalism Entails Panpsychism." *Journal of Consciousness Studies* 13, nos. 10–11 (2006): 3–31.

Teilhard de Chardin, Pierre. *The Phenomenon of Man,* translated by B. Wall. New York: Harper & Brothers, 1959.

Turing, Alan M. "Computing Machinery and Intelligence." *Mind* 59, no. 236 (1950): 433–60.

van Helden, Albert. "On Motion." *The Galileo Project,* 1995, https://

galileo.rice.edu.

van Inwagen, Peter. *An Essay on Free Will.* Oxford: Oxford University Press, 1983.

von Neumann, John. *Mathematical Foundations of Quantum Theory.* Berlin: Julius Springer, 1932.

Watts, Nick, et al. "The *Lancet* Countdown on Health and Climate Change: From 25 Years of Inaction to a Global Transformation for Public Health." *The Lancet* 391, no. 10120 (2018): 581–630, https://www.thelancet.com.

Weber, Max. *The Sociology of Religion.* Boston: Beacon Press, 1993; first published in 1920.

Wigner, Eugene. "Remarks on the Mind-Body Question," in J. A. Wheeler and W. H. Zurek, eds., *Quantum Theory and Measurement.* Princeton: Princeton University Press, 1983.

Zorgon, E. T. The Hitchhiker's Guide to the Many Realities. *Interdimensional Inc.*

注释

第 1 章　伽利略如何制造了意识问题

1　Seth, "The Real Problem."
2　Paley, *Natural Theology*.
3　Dawkins, *The Blind Watchmaker*.
4　Paul Churchland, *Matter and Consciousness*.
5　这是闵可夫斯基在 1908 年 9 月 21 日第 80 届德国自然科学家和医学家大会上演讲的开头，收录在他的 *Space and Time*, 72。
6　Galileo, *The Assayer*, 237–38.

第 2 章　机器中有幽灵吗？

1　Bloom, *Descartes' Baby*.
2　Hume, *An Enquiry Concerning Human Understanding*, VII.
3　Chalmers, "Facing Up to the Problem of Consciousness"; Chalmers, *The Conscious Mind*.
4　London and Bauer, "The Theory of Observation in Quantum Mechanics";

Wigner, "Remarks on the Mind-Body Question," 169.
5   Stapp, *Mind, Matter and Quantum Mechanics*.
6   Chalmers and McQueen, "Consciousness and the Collapse of the Wave Function"; McQueen 的文章《意识引发了量子坍缩吗？》("Does Consciousness Cause Quantum Collapse?") 是我写作这一节时的重要参考文献。
7   von Neumann, *Mathematical Foundations of Quantum Theory*.
8   Everett, "'Relative State' Formulation of Quantum Mechanics."
9   Einstein, "On the Method of Theoretical Physics."

第3章　物理科学能够解释意识吗？

1   Krauss, "The Consolation of Philosophy."
2   Ladyman and Ross, *Every Thing Must Go*, 29.
3   Patricia S. Churchland, *Touching a Nerve*, 60.
4   这一思想实验在伽利略未出版的著作《论运动》（*De Moto*）中有过概述。
5   Nagel, *The View from Nowhere*.
6   Ludlow, Nagasawa, and Stoljar, *There's Something About Mary*.
7   Leibniz, *The Monadology*, Section 17.
8   Jackson, "Epiphenomenal qualia." 在同一年间，哲学家霍华德·罗宾逊（Howard Robinson）在他的《物质与感觉》（*Matter and Sense*）中提出了一个类似的思想实验，其论证本质上与杰克逊的相同。有些不公平的是，人们对罗宾逊的论证知之甚少，这可能是因为他的思想实验中缺失的知识是关于声音的体验，而非颜色的体验。
9   Dennett, *Consciousness Explained*; Paul M. Churchland, "Consciousness and the Introspection of 'Qualitative Simples.'"
10 Dennett, *Consciousness Explained*, 400.

11　Nordby, "What Is This Thing You Call Color?," 79-82.

12　Nordby, "What Is This Thing You Call Color?," 77.

13　Dennett, *Consciousness Explained*, 399–400.

14　僵尸（zombie）作为哲学术语来自罗伯特·科克（Robert Kirk）的发明，他在论文 Zombies vs. Materialists 和 Sentience and Behaviour 中采用了它。大卫·查默斯在 *The Conscious Mind* 一书中对僵尸论证作出了极富影响力的详尽辩护。

15　Seth, "Conscious Spoons, Really? Pushing Back Against Panpsychism." 虽然这篇博客的标题听起来对泛心论充满敌意，但通过个人交流我知道塞思对泛心论的*哲学支持案例*并没有敌意。这篇博文是对 *Quartz* 杂志上一篇文章的回应，文章基于对我、查默斯和赫达·哈塞尔·默克（Hedda Hassel Mørch）的采访。我们三人在采访中都强调，绝大多数泛心论者都否认勺子具有意识。

16　Frankish, "Illusionism as a Theory of Consciousness," 12–13.

17　Strawson, "The Consciousness Deniers."

18　Searle, "Minds, Brains and Programs."

19　Humphrey, *Soul Dust*.

20　Levine, *Purple Haze*.

第 4 章　如何解决意识问题

1　大卫·查默斯在其经典论文"Facing Up to the Problem of Consciousness"（他在该文中发明了"困难问题"这一术语）做了这个比较，尽管他在文中是为二元论而非泛心论辩护。

2　Strawson, "Realistic Materialism: Why Physicalism Entails Panpsychism," p. 29.

3　转引自 Isaacson, *Einstein: His Life and Universe*, p. 262。

4　Eddington, *The Nature of the Physical World*, Chapter 12.

5　由 PhilPapers 开展的一项调查，参见 https://philpapers.org。

6 Eddington, *The Nature of the Physical World*, Chapter 12.
7 Hawking, *A Brief History of Time*, 174.
8 Eddington, *The Nature of the Physical World*, Chapter 12.
9 Eddington, *The Nature of the Physical World*, Chapter 13.
10 Eddington, *The Nature of the Physical World*, Chapter 12.
11 Blackmore, "First Person—Into the Unknown."
12 Episode 25 of *The Panpsycast*, available at http://thepanpsycast.com.
13 Papineau, "The Problem of Consciousness."
14 Papineau, "The Problem of Consciousness."
15 James, *Principles of Psychology*, 160. 尽管组合问题可以追溯到詹姆士那里，但是"组合问题"这个说法出自 William Seager 的文章 Consciousness, Information, and Panpsychism。
16 James, *Principles of Psychology*, 160.
17 Descartes, *Meditations on First Philosophy*, 59.
18 Sperry, "Consciousness, Personal Identity, and the Divided Brain."
19 加扎尼加在 Cerebral Specialization and Interhemispheric Communication 一文中总结了他关于两个半脑的分工的许多发现。
20 Roelofs, *Combining Minds*.
21 Laplace, *A Philosophical Essay on Probabilities*, 4.
22 Hendry, *The Metaphysics of Chemistry*.
23 Mørch, *Panpsychism and Causation*.
24 Mørch, "The Integrated Information Theory of Consciousness."
25 Teilhard de Chardin, *The Phenomenon of Man*.
26 Russell, *The Analysis of Matter*, 325.

第 5 章　意识与生命的意义

1 Zorgon, *The Hitchhiker's Guide to the Many Realities*.
2 Watts et al., "The *Lancet* Countdown on Health and Climate Change."

3　Holder, Kommenda, and Watts, "The Three-Degree World."
4　这方面一个牢靠的信源是 https://www.skepticalscience.com/。
5　Hume, *An Enquiry Concerning Human Understanding*, XII: 23.
6　Hume, *An Enquiry Concerning Human Understanding*, XII: 24.
7　朱利安·巴吉尼（Julian Baggini）在其文章 Hume the Humane 中也留意到了休谟与我们时代的相关性。
8　根据 ComRes 于 2017 年进行的一项民意调查，委托方是英国非营利组织能源与气候智库，数据参见 https://www.comresglobal.com。
9　https://climateactiontracker.org.
10　Klein, *This Changes Everything*, 177.
11　Klein, *This Changes Everything*, 170.
12　Papineau, "The Problem of Consciousness."
13　Gagliano et al., "Learning by Association in Plants."
14　引自"Is Eating Plants Wrong?," BBC Radio 4。现已制作为一期播客，可从以下地址获取：https://www.bbc.co.uk。
15　Novoplansky et al., "Plant Responsiveness to Root–Root Communication of Stress Cues."
16　Simard, "Mycorrhizal Networks Facilitate Tree Communication, Learning and Memory."
17　van Inwagan, *An Essay on Free Will,* Chapter 4.
18　Lowe, *Personal Agency*, Part II.
19　Libet et al., "Time of Conscious Intention to Act in Relation to Onset of Cerebral Activity (Readiness Potential)"; Libet, "Unconscious Cerebral Initiative and the Role of Conscious Will in Voluntary Action."
20　Dennett, *Freedom Evolves*, Chapter 8.
21　Soon et al., "Unconscious Determinants of Free Decisions in the Human Brain."
22　Miri Albahari 在文章 Beyond Cosmopsychism and the Great I Am: How the World Might Be Grounded in Universal 'Advaitic' Consciousness 中

阐述并捍卫了这一吠檀多一元论观点。我对这一观点的描述多受益于她。

23　Schaffer, "Spacetime: The One Substance."
24　Schneider, "Spacetime Emergence, Panpsychism and the Nature of Consciousness."
25　Schneider, "Spacetime Emergence, Panpsychism and the Nature of Consciousness."
26　Harris, *Waking Up*.
27　Harris, *The Moral Landscape*; Pinker, *Enlightenment Now*.
28　Harris, *The Moral Landscape*, 39.
29　克雷格与哈里斯的辩论发生在 2011 年 4 月印第安纳州的圣母大学。参见 https://samharris.org 及 https://www.reasonablefaith.org。
30　James, *The Varieties of Religious Experience*, Lectures XVI and XVII.
31　James, *The Varieties of Religious Experience*, Lectures XVI and XVII.
32　Weber, *The Sociology of Religion*.

图书在版编目（CIP）数据

伽利略的错误 / (英) 菲利普·高夫著；傅星源译. -- 上海：上海文艺出版社，2024
ISBN 978-7-5321-9029-4
Ⅰ.①伽… Ⅱ.①菲…②傅… Ⅲ.①心灵学－哲学－研究 Ⅳ.①B84
中国国家版本馆CIP数据核字(2024)第101776号

Copyright © 2019 by Philip Goff. All rights reserved.
Published by arrangement with Brockman, Inc.
Simplified Chinese translation edition copyright © 2024
by Shanghai Literature & Art Publishing House
All rights reserved.
著作权合同登记图字：09-2021-1131

发 行 人：毕　胜
策划编辑：肖海鸥
责任编辑：鲍夏挺
封面设计：甘信宇
内文制作：常　亭

书　　名：伽利略的错误
作　　者：[英] 菲利普·高夫
译　　者：傅星源
出　　版：上海世纪出版集团　上海文艺出版社
地　　址：上海市闵行区号景路159弄A座2楼　201101
发　　行：上海文艺出版社发行中心
　　　　　上海市闵行区号景路159弄A座2楼206室　201101　www.ewen.co
印　　刷：苏州市越洋印刷有限公司
开　　本：1240×890　1/32
印　　张：6.75
插　　页：2
字　　数：136,000
印　　次：2024年6月第1版　2024年6月第1次印刷
I S B N：978-7-5321-9029-4/B.106
定　　价：58.00元
告 读 者：如发现本书有质量问题请与印刷厂质量科联系　T:0512-68180628